Estabilidad
Tomo II: Ejercitación

J. Weber - J. Saleme

Estabilidad

Tomo II: Ejercitación

Pje España 1467. B° Nueva Córdoba. (5000) Córdoba. Argentina. Email: univer@cmefcm.uncor.edu

Diseño de Tapa: Ing. Jorge G. Sarmiento
Edición: Marcelo A. Tejerina
Producción Gráfica: Los Autores

Prefacio

El presente trabajo, concebido como material de estudio para los cursos de Estabilidad que se dictan en la Facultad Regional Córdoba de la Universidad Tecnológica Nacional, no pretende ser en absoluto original. No es posible serlo en una ciencia como la Estática de los Cuerpos Rígidos que ha alcanzado la madurez en sus conocimientos. Sí, en cambio, es posible adaptar lo mucho y lo bueno que se ha escrito sobre este tema a las necesidades y metodologías actuales de la enseñanza de esta rama fascinante de la Mecánica.

La obra está estructurada en dos tomos, que sirven de material teórico de estudio y guía de trabajos prácticos, respectivamente.

En lo referente al primer tomo (Conceptos Teóricos), en una parte importante del temario desarrollado ha sido material de referencia la obra del Ingeniero Enrique D. Fliess (Estabilidad – Primer Curso) el cual en muchos aspectos conceptuales no ha sido aún superado. Sin embargo, esta obra fundamental ha quedado desactualizada en las metodologías de resolución, en especial lo que hace a la aplicación de métodos gráficos, los cuales se conservan sólo a título conceptual.

Otras obras han sido consultadas en menor medida, como la Mecánica Vectorial para Ingenieros de Beer – Johnston, en particular en lo que se refiere a cables flexibles y círculo de Mohr.

En general se ha puesto énfasis en la resolución analítico-numérica de los problemas, que es la manera en que procederán los alumnos en la parte práctica de los cursos, y los futuros profesionales en su actividad.

Cobran especial interés los capítulos de sistemas de alma llena y arcos, de limitado desarrollo en la bibliografía tradicional.

En lo referente al segundo tomo (Ejercitación) la situación se invierte, y en general la gran mayoría de los ejercicios planteados son originales, mientras que los restantes han sido tomados de las guías de trabajos prácticos desarrolladas por el Ing. Borello, de las guías de ejercicios de Estabilidad I de la FRBA-UTN, y de la obra citada de Beer y Johnston.

Ambos autores desean dedicar el esfuerzo realizado al Ingeniero Roberto R. Borello, Profesor Titular por Concurso de Estabilidad (U.T.N. – F.R.C.), y agradecer por la confianza y apoyo recibido a lo largo de los años de trabajo bajo su dirección.

J.F.W. desea además dedicar esta obra al Ingeniero Héctor Arturo Faletty, Profesor Titular durante más de 30 años de Estabilidad I en la Facultad Regional Buenos Aires de la Universidad Tecnológica Nacional y en la Facultad de Ingeniería de la Universidad de Buenos Aires, discípulo del Ingeniero Enrique D. Fliess y responsable de haberle transmitido el amor a esta rama de la Física.

J.E.S. – J.F.W.

Indice

Sistemas de Fuerzas

Problema 1.

Componer gráfica y analíticamente el sistema de fuerzas concurrentes en el plano que actúa en la placa de hierro indicada en la figura.

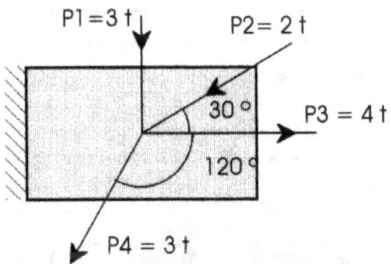

Problema 2.

Un gancho sujeta 3 cuerdas, según lo muestra el croquis, determinar gráfica y analíticamente la intensidad, dirección y sentido de la resultante.

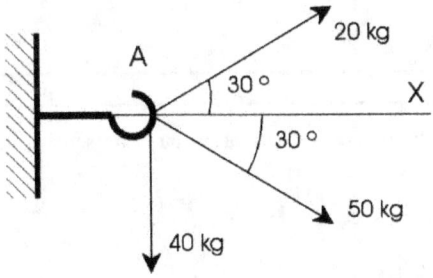

Problema 3.

Componer gráfica y analíticamente el sistema de fuerzas paralelas en el plano, que actúa en la ménsula de la figura.

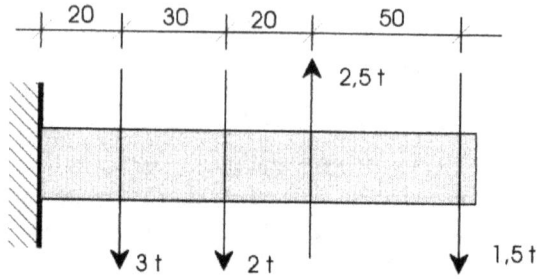

Problema 4.

Sobre la pieza actúa un sistema fuerza – par. Encontrar el valor y la posición de la fuerza que lo equilibra.

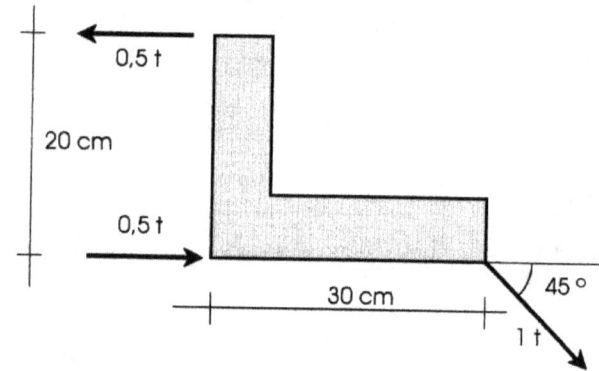

Problema 5.

Hallar la resultante del sistema de fuerzas que actúa sobre la pieza.

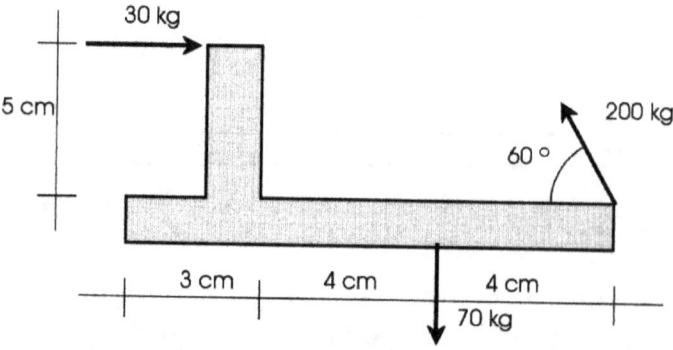

Problema 6.

Suponiendo despreciable el radio de la polea, determinar:

  a) La fuerza q necesaria para mantener la lámpara en la posición indicada.

  b) Los esfuerzos en AB y AC.

  c) La fuerza sobre el eje de la polea.

  d) La reacción en B.

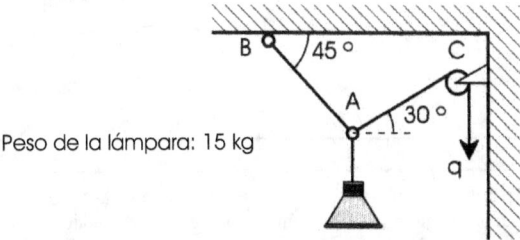

Peso de la lámpara: 15 kg

Problema 7.

Dos cables cuyas tensiones son T1 y T2, se sujetan al extremo de una torre, juntamente con un tercer cable que actúa como tirante. Determinar:

  a) La tensión T3 en el cable AB para que la resultante de las tres tensiones sea una fuerza vertical.

  b) El valor de la fuerza de compresión en la torre.

Resolver gráfica y analíticamente.

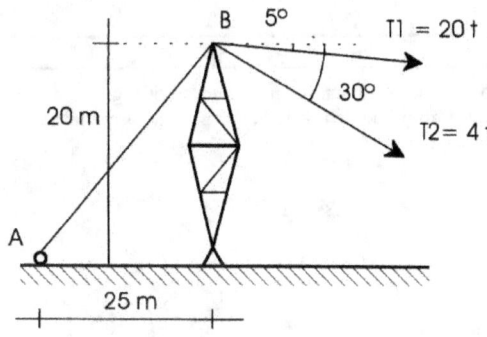

Problema 8.

Un buque es arrastrado por tres remolcadores como se ve en la figura. Las tensiones en cada cable son de igual intensidad. Encontrar el valor de la resultante que actúa sobre la proa del barco. Resolver gráfica y analíticamente.

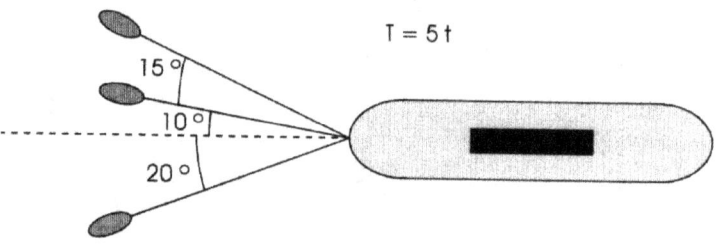

Problema 9.

Un cilindro se va a levantar por medio de dos cables. Sabiendo que la fuerza aplicada en un cable es de 300 kg, determinar la magnitud y dirección de la fuerza P de modo que la resultante sea una fuerza vertical de 450 kg. Resolver gráfica y analíticamente.

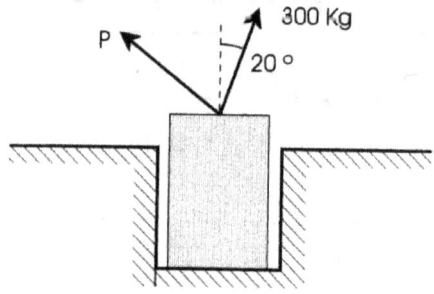

Problema 10.

La fuerza P debe tener una componente de 60 kg que actúe paralelamente al plano inclinado. Determinar la magnitud de P y de su componente perpendicular al plano inclinado. Resolver gráfica y analíticamente.

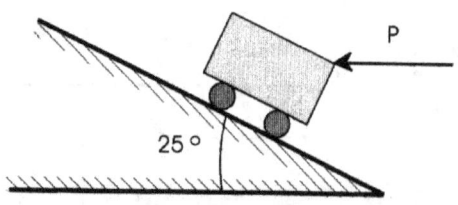

Problema 11.

Cuatro fuerzas actúan sobre el perno de una máquina. Determinar la resultante del sistema, gráfica y analíticamente.

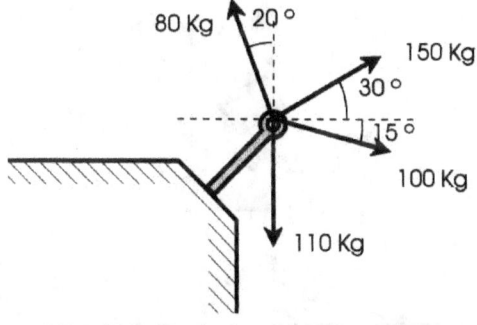

Problema 12.

Determinar la fuerza P para que la resultante entre la misma y la fuerza F sea de compresión en el poste y de una intensidad de 150 kg. Resolver analítica y gráficamente.

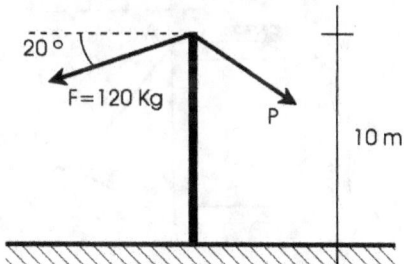

Problema 13.

Un montacargas de peso Q está sostenido por dos cuerdas que pasan por dos poleas fijas, y lleva una carga de peso P. Si consideramos las poleas sin rozamiento, determinar qué fuerza deben ejercer dos motores eléctricos en los extremos de las cuerdas para mantener en equilibrio el montacargas.

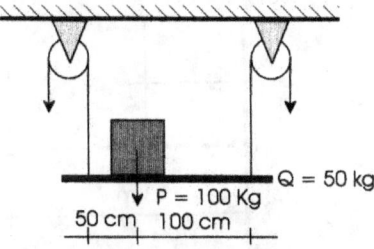

Problema 14.

Dos fuerzas P y Q se aplican a la conexión (usada en aviones) que se muestra en la figura. Si el sistema está en equilibrio, determinar las fuerzas T1 y T2, en forma analítica y gráfica.

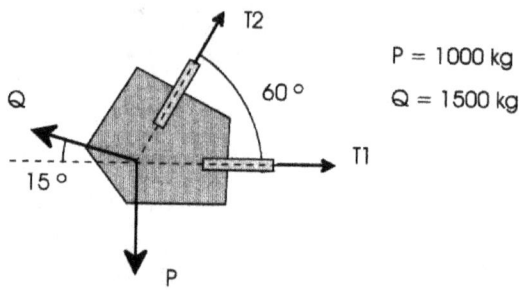

P = 1000 kg

Q = 1500 kg

Problema 15.

Suponiendo frenado el carro de la figura, determinar las reacciones que se producen en A y B, analítica y gráficamente.

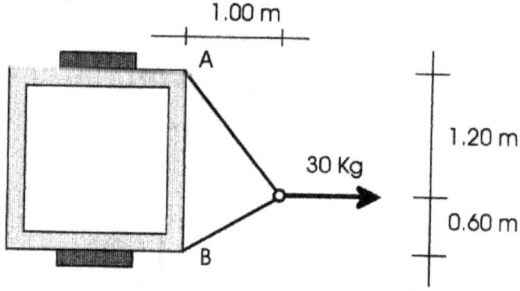

Problema 16.

La viga de la figura está articulada en A y sostenida en B por una cuerda vertical que pasa por una polea fija sin rozamiento, que lleva una carga P. Determinar la distancia X a la que se debe colocar la carga Q para mantener el sistema en equilibrio.

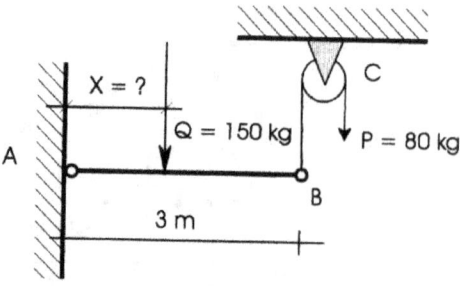

Problema 17.

Suponiendo despreciable el radio de la polea C, determinar:

a) La fuerza Q necesaria para mantener el equilibrio.

b) Los esfuerzos en AB y AC.

c) La fuerza sobre el eje de la polea.

d) La reacción en B.

Resolución analítica y gráfica.

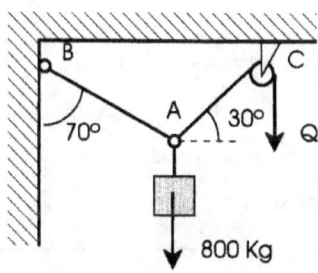

Problema 18.

Determinar el valor de la fuerza que ejerce el motor, para mantener un cuerpo de 700 kg en la posición indicada, suponiendo despreciables los rozamientos en las poleas.

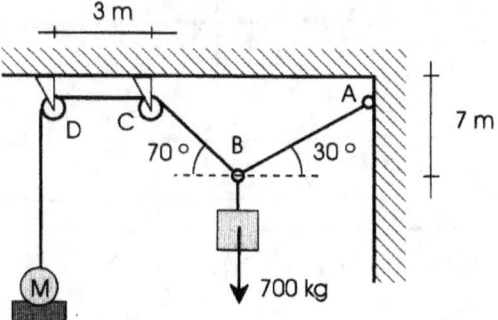

Problema 19.

Dada la siguiente lámpara de iluminación suspendida en el dispositivo de la figura, determinar:

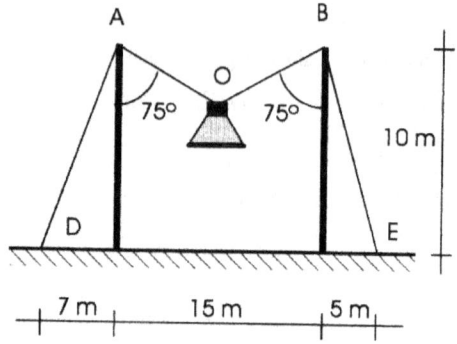

a) Los esfuerzos en los cables AO y BO.

b) Las tensiones en las riendas AD y BE.

c) Los esfuerzos de compresión en los postes.

Peso de la lámpara: 50 kg.

Problema 20.

Determinar las fuerzas a aplicar en A y B para que la resultante total sea una cupla de 400 kgm con sentido antihorario. P = 80 kg.

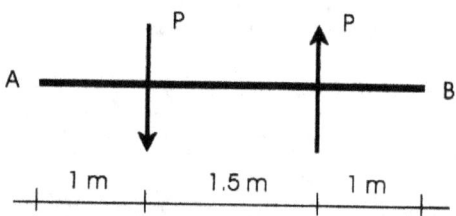

Problema 21.

Suponiendo despreciable el radio de la polea C, determinar:

a) La fuerza Q necesaria para mantener el equilibrio.

b) Los esfuerzos en AB y AC.

c) La fuerza sobre el eje de la polea.

d) La reacción en B.

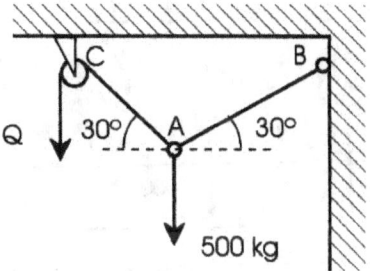

Problema 22.

Sea el sistema de fuerzas paralelas, determinar P para que la resultante R tenga la posición indicada y el valor de la misma.

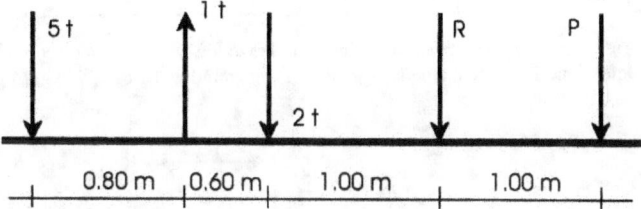

Problema 23.

Determinar la fuerza F para lograr el equilibrio.

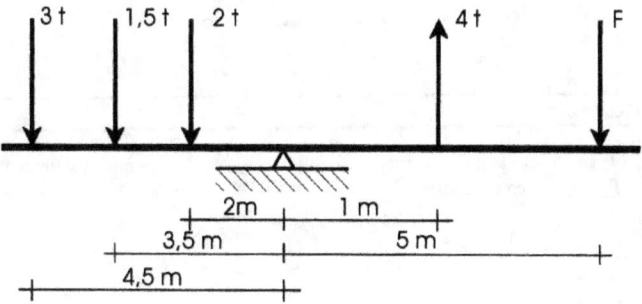

Problema 24.

Determinar la distancia del punto A, a la línea de acción de la resultante de las tres fuerzas indicadas, cuando: a) X = 2 m; b) X = 3 m; c) X = 5 m.

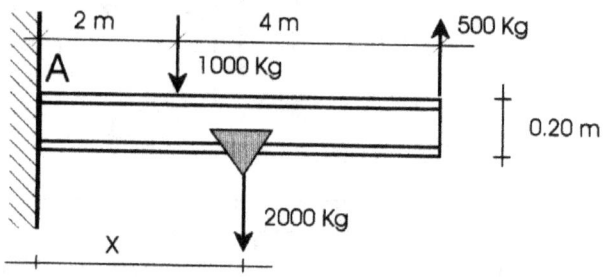

Problema 25.

Tres fuerzas horizontales se aplican al brazo de una máquina, como se indica en la figura. Determinar la resultante de las cargas, si la magnitud de P1 es: a)50 kg; b) 500 kg; c) 350 kg.

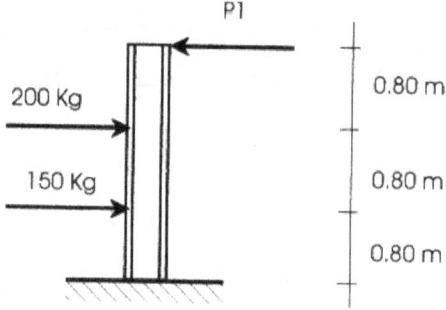

Problema 26.

Determinar el valor de las fuerzas a aplicar en A y B, para que el sistema aplicado al dispositivo de la figura esté en equilibrio.

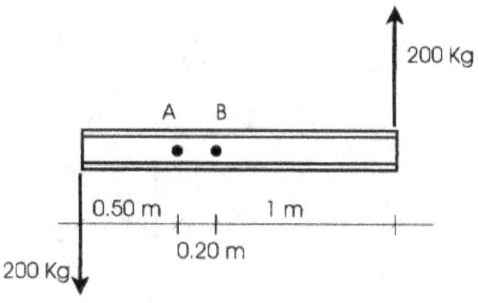

Problema 27.

Hallar analíticamente la resultante del sistema de fuerzas paralelas en el espacio que actúa en el cuerpo indicado.

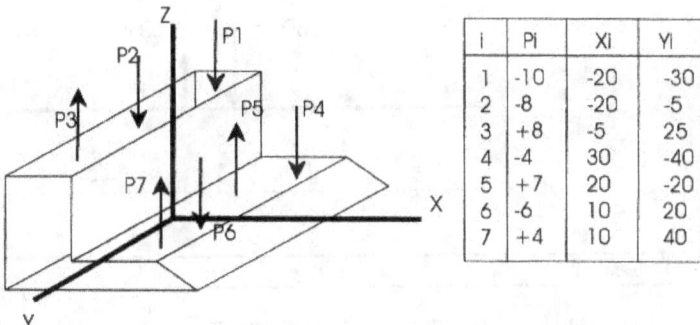

i	Pi	Xi	Yi
1	-10	-20	-30
2	-8	-20	-5
3	+8	-5	25
4	-4	30	-40
5	+7	20	-20
6	-6	10	20
7	+4	10	40

Problema 28.

Dos cables ejercen una fuerza F1 sobre la estructura de peso W = 75 kg. Estudiar el sistema y determinar:

a) Las acciones verticales que dichas fuerzas producen en A y B.

b) El sistema equivalente fuerza – par.

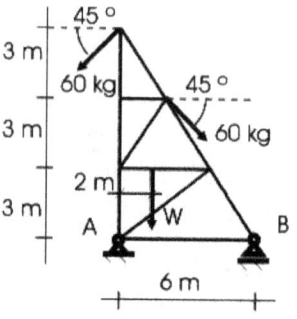

Problema 29.

Equilibrar las fuerzas exteriores a través de las siguientes fuerzas: una vertical que pasa por el punto B y una fuerza que pasa por el punto A.

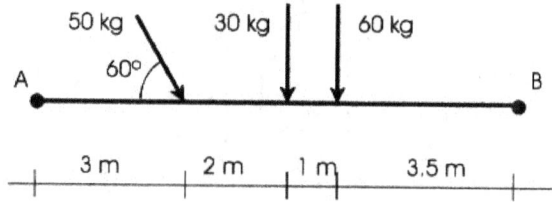

Problema 30.

Descomponer la fuerza vertical $P = 20$ t que actúa en la estructura de la figura, en dos direcciones paralelas a ella y que pasan por los apoyos A y B.

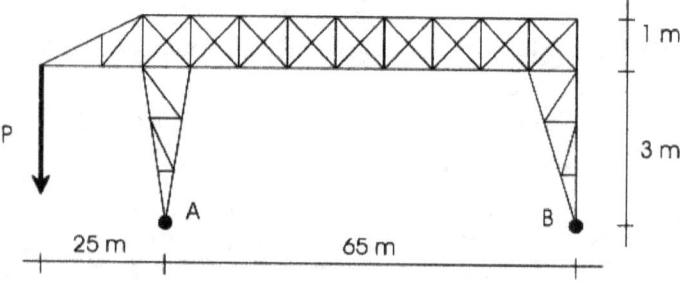

Problema 31.

Un poste de línea eléctrica, que pesa 200 kg, está sometido a la acción de tiro de los cables y de las riendas que lo sostienen. Determinar:

a) La resultante del sistema.

b) El momento de la misma respecto de la base.

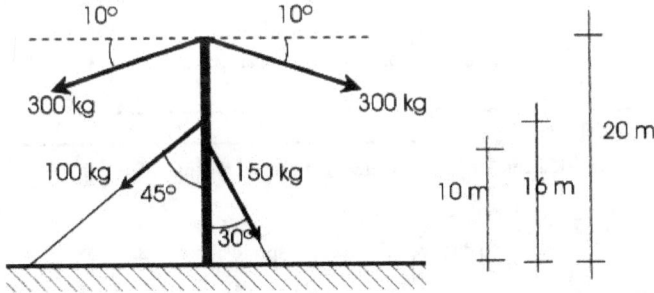

Problema 32.

Determinar la resultante del sistema de fuerzas aplicado a la estructura de la figura.

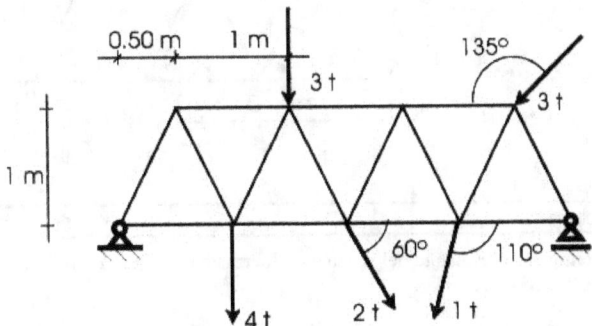

Problema 33.

Determinar la resultante del sistema de fuerzas aplicado al poste de la figura.

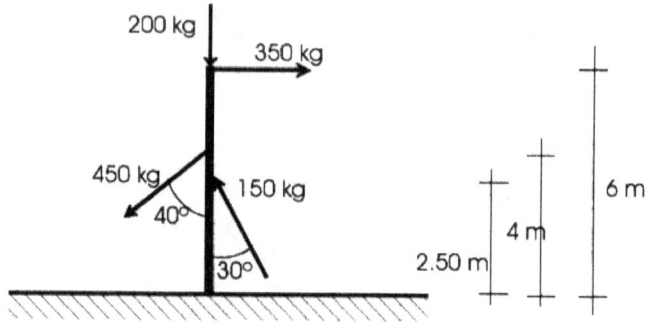

Problema 34.

Dado el siguiente sistema de fuerzas aplicado al reticulado, determinar:

a) Su resultante.

b) El momento de la resultante con respecto al punto B.

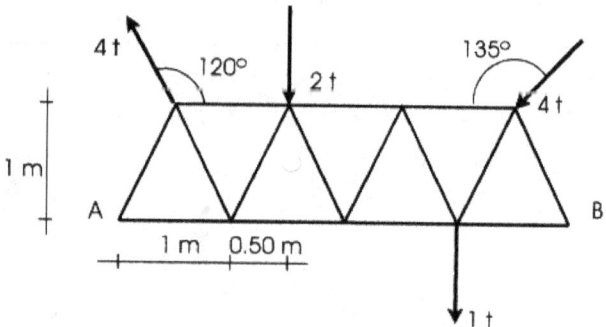

Problema 35.

Determinar la resultante del sistema de fuerzas aplicado a la farola teniendo en cuenta que el peso de la misma es de 10 kg.

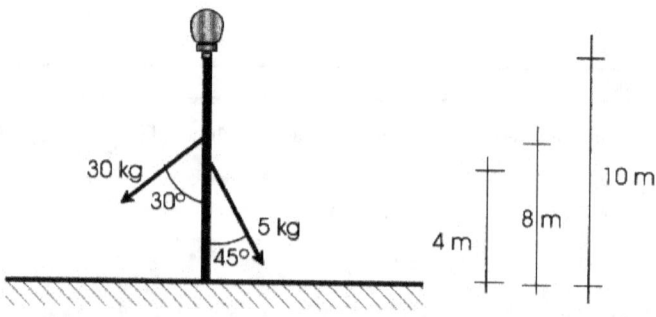

Problema 36.

Una lámina de 6 x 12 pulgadas está sometida a cuatro cargas. Hallar la resultante de las cargas y los puntos de intersección de su recta de acción con los bordes de la placa.

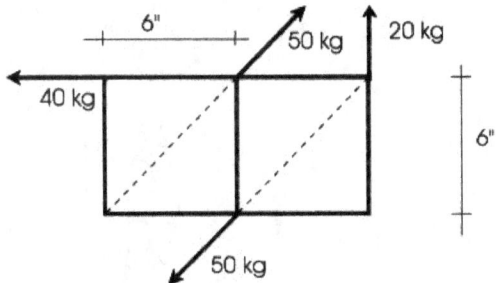

Problema 37.

Determinar el valor de la fuerza F2, de modo que la resultante del sistema pase por el punto C. Además determinar el valor de la resultante.

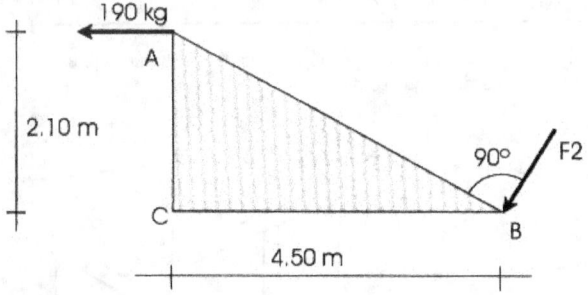

Problema 38.

El cilindro grande pesa 100 kg, y el pequeño 30 kg. Determinar la fuerza de contacto en el punto A.

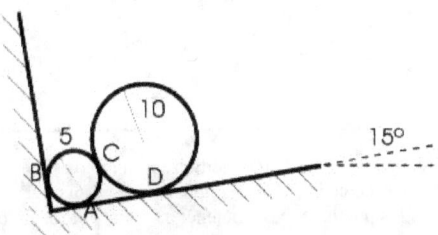

Problema 39.

Sabiendo que la tensión del tensor AB es de 1000 kg, calcular la tensión en los otros tensores y la compresión en la torre.

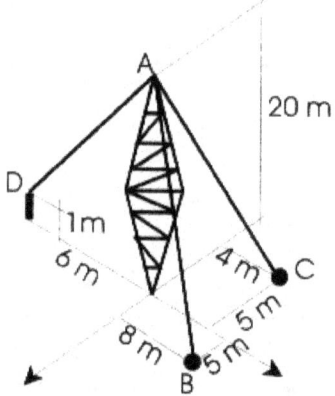

Problema 40.

Determinar la máxima compresión en cada columna, sabiendo que toda la estructura es de hormigón (considerar que sólo actúa el peso propio).

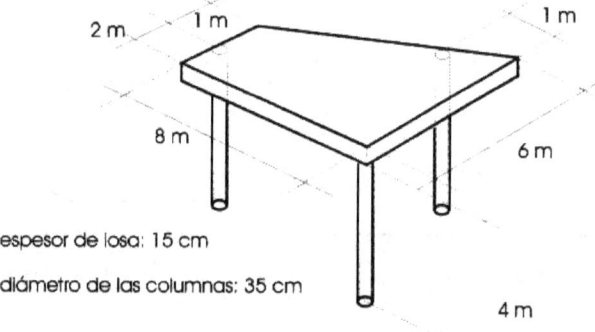

espesor de losa: 15 cm

diámetro de las columnas: 35 cm

Problema 41.

Una caldera de 4 t de peso y 1 m de radio reposa en los salientes de una mampostería de piedra. La distancia entre las paredes de la mampostería es 1,6 m. Determinar la fuerza ejercida sobre la mampostería en los puntos A y B, sin tener en cuenta el rozamiento.

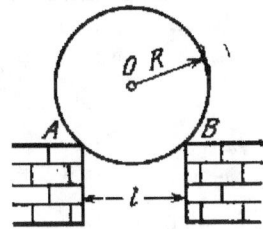

Problema 42.

Una grúa está montada sobre una cimentación de piedras. El peso de la grúa es de 2,5 t y está aplicado en el centro de gravedad A a la distancia AB = 0,8 m del eje de la grúa; la ménsula de la grúa CD = 4 m. La base tiene forma cuadrada cuyo lado EF = 2 m; el peso específico de la mampostería es de 2 g/cm³. Calcular la profundidad mínima del cimiento si la grúa está destinada a levantar cargas de hasta 3 t.

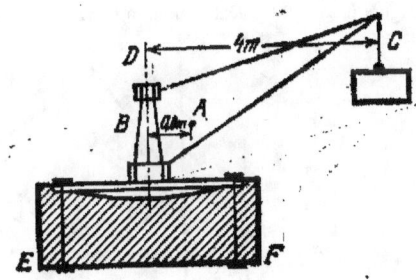

Problema 43.

Un pedazo de madera terciada ha sido fijada por medio de dos clavos. Sabiendo que el taladro ejerce un par de 50 kgm, determínense los esfuerzos en los clavos si éstos se ubican en: a) A y B; b) B y C; c) A y C.

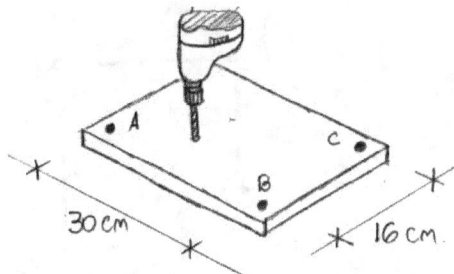

Problema 44.

Determinar la resultante del sistema de fuerzas aplicado a la estructura de la figura

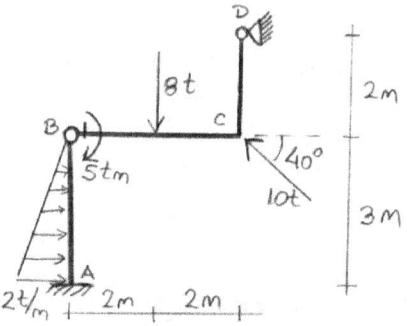

Problema 45.

El cubo de la figura pesa 100 kg. Determinar la fuerzas de contacto en A y B, suponiendo que en A no hay rozamiento.

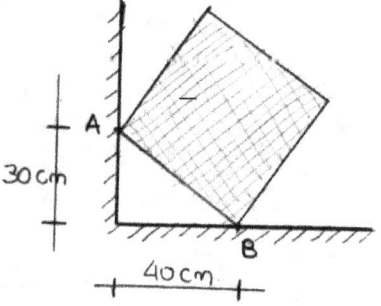

Problema 46.

Determinar la equilibrante del sistema de fuerzas aplicado a la estructura de la figura.

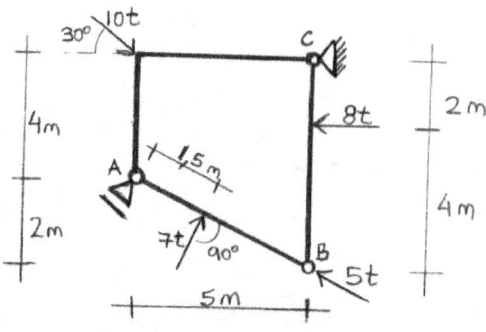

Problema 47.

Determinar el valor de las fuerzas a ejercer por los obreros para que el piano se mueva en forma vertical.

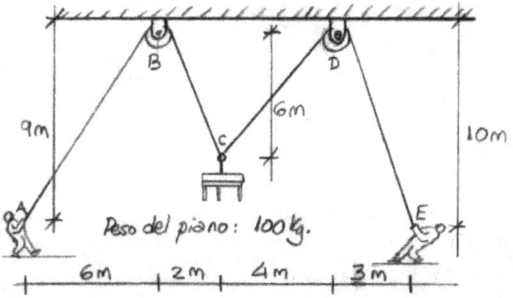

Problema 48.

Determinar la resultante del sistema de fuerzas aplicado a la estructura de la figura.

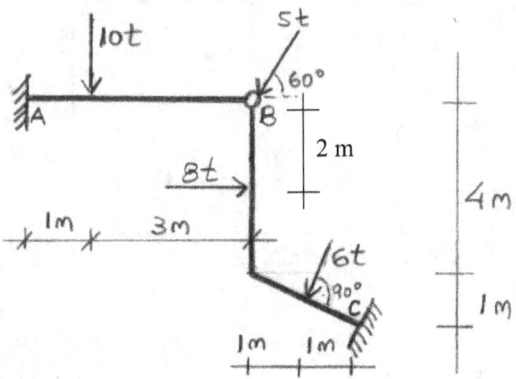

Problema 49.

¿Qué carga Q debe ser suspendida del extremo D de la palanca para que la válvula de seguridad en A se abra por sí sola cuando la presión en la caldera supere las 11 atm?

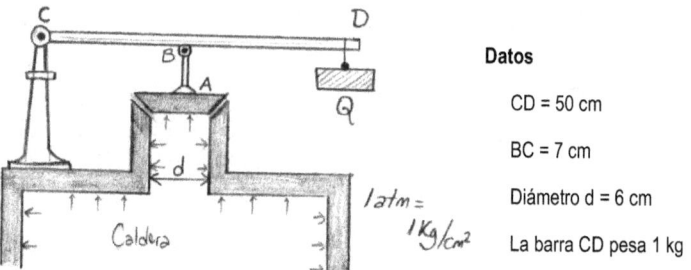

Datos

CD = 50 cm

BC = 7 cm

Diámetro d = 6 cm

La barra CD pesa 1 kg

Problema 50.

Determinar la resultante del sistema de fuerzas aplicado a la figura.

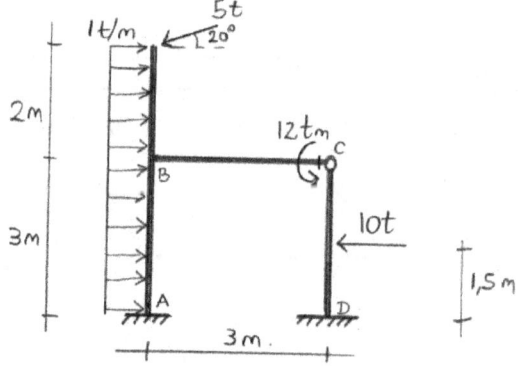

Problema 51.

Determinar la resultante del sistema de fuerzas aplicado a la figura.

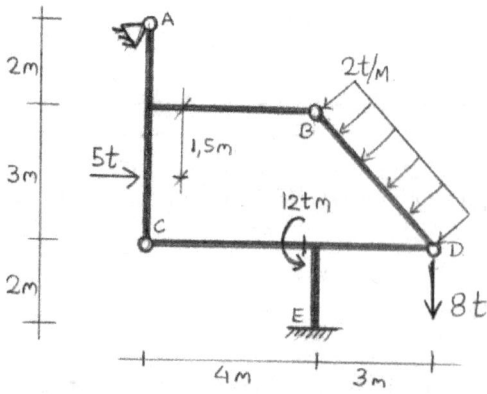

Problema 52.

Un terraplén se apoya en una pared vertical AB. Hallar su espesor "a" necesario considerando que la presión del terreno sobre la pared es horizontal aplicada a 1/3 de la altura sobre su base y es de 6 t por metro de largo, siendo el peso específico de la mampostería de 2 g/cm³.

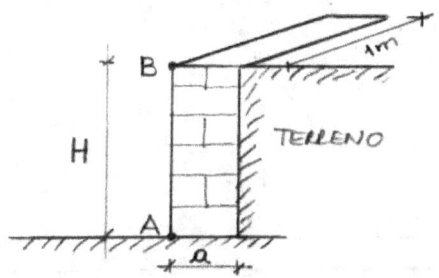

Problema 53.

Determinar la equilibrante del sistema de fuerzas aplicado a la estructura de la figura.

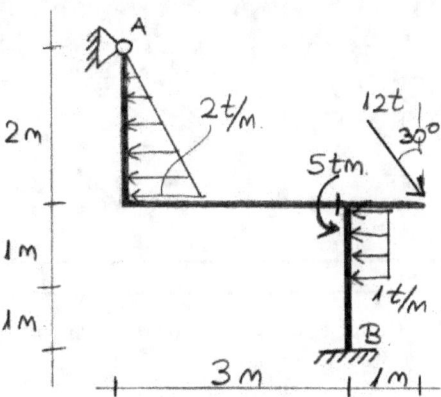

Problema 54.

Determinar la resultante del sistema de fuerzas aplicado a la estructura de la figura.

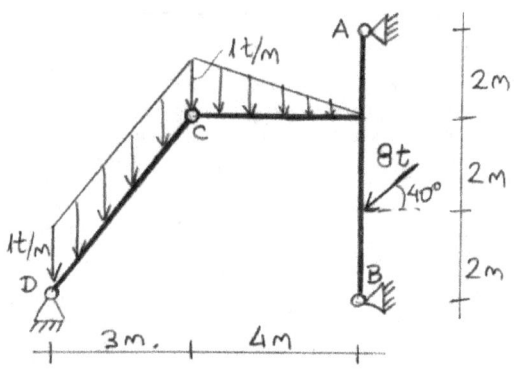

Problema 55.

Determinar la tensión en la cadena en cada caso. Peso del bloque: 175 kg

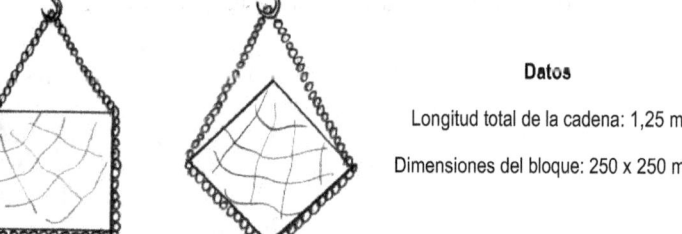

Datos

Longitud total de la cadena: 1,25 m

Dimensiones del bloque: 250 x 250 mm

Problema 56.

Determinar la resultante del sistema de fuerzas aplicado a la estructura de la figura.

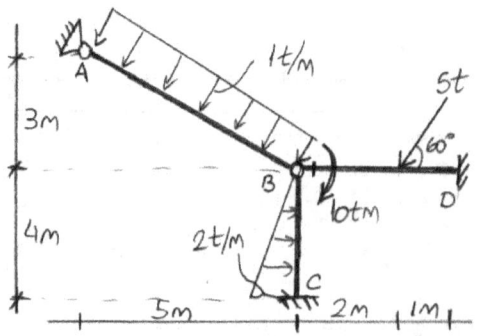

Problema 57.

Hallar la tensión en el hilo OB, suponiendo un rodillo sin rozamiento en O.

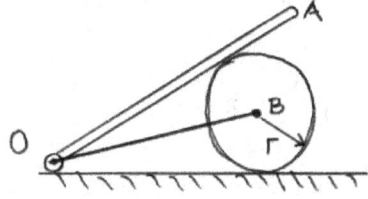

Datos

OA = 4,5 m

OB = 3 m

r = 0,7 m

peso de la barra OA : 40 kg

peso de la esfera : 100 kg

Baricentros de Lineas y Superficies

Determinar la posición el baricentro de las siguientes figuras.

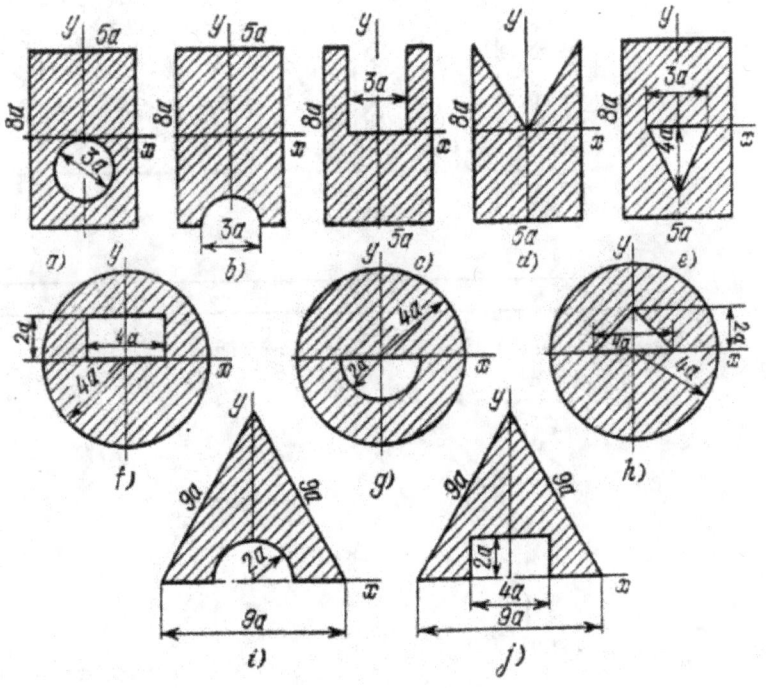

Determinar la posición del baricentro de las siguientes figuras.

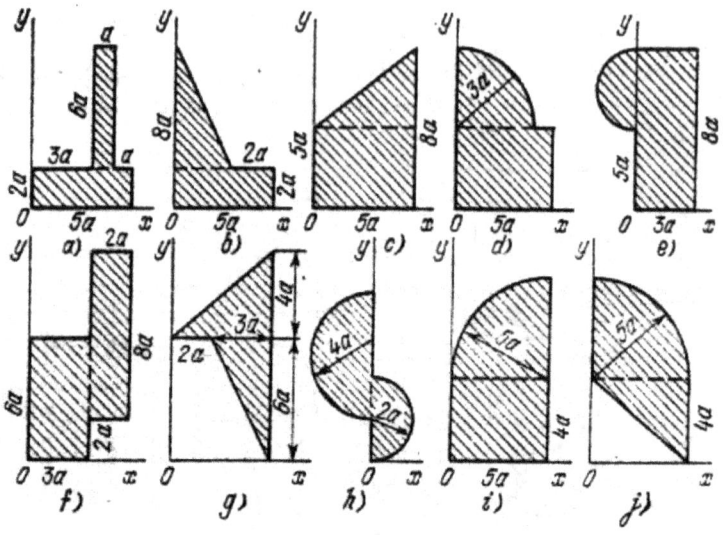

Problema 60.

Determinar la posición del baricentro de la siguiente figura.

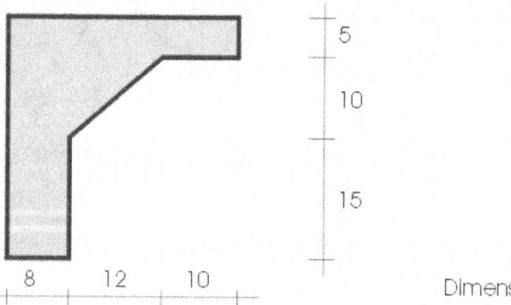

Dimensiones en cm

Problema 61.

Determinar la posición del baricentro de la siguiente figura.

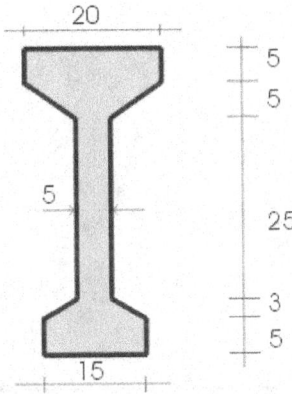

Dimensiones en cm

Problema 62.

Determinar la posición del baricentro de la siguiente figura.

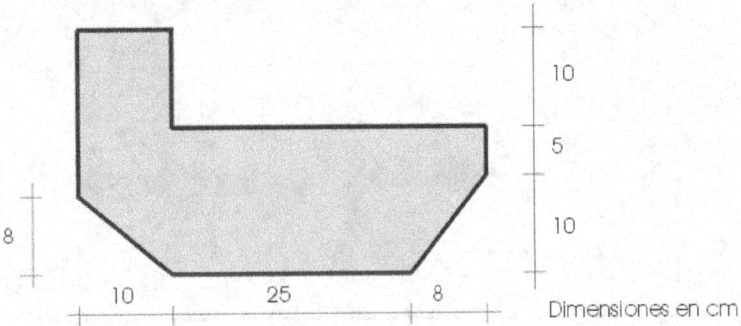

Dimensiones en cm

Problema 63.

Determinar la posición del baricentro de la siguiente figura.

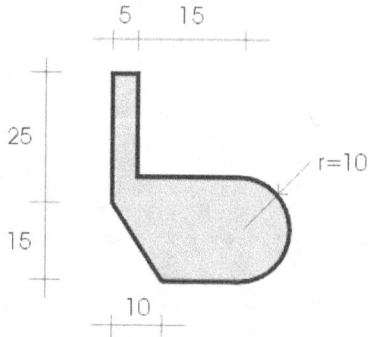

Dimensiones en cm

Problema 64.

Determinar la posición del baricentro de las siguientes líneas.

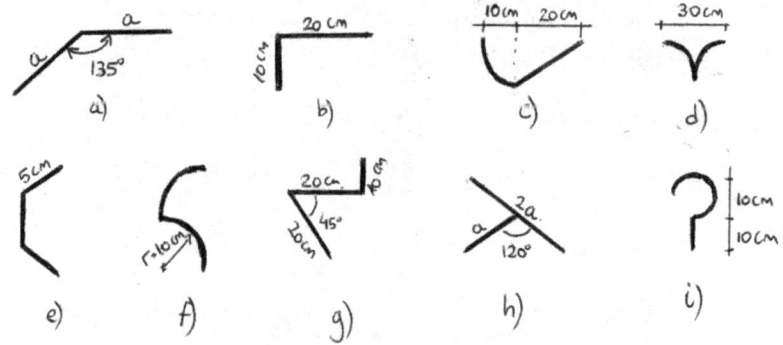

Problema 65.

Calcular el área superficial y el volumen de los sólidos de revolución indicados.

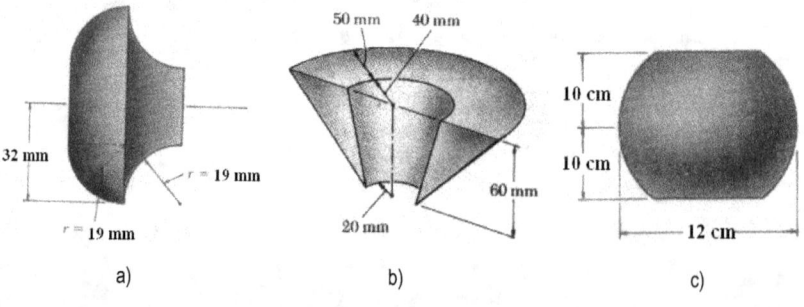

Problema 66.

Calcular en forma aproximada el área superficial y el volumen de la hormigonera de la figura.

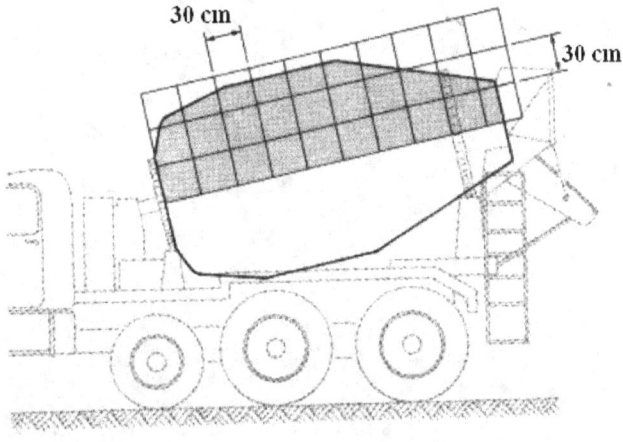

Problema 67.

Si las dimensiones de los lados a y b de la figura plana indicada en la figura son fijas, hallar cual debe ser la dimensión de c para que el baricentro de la figura sombreada pertenezca a la recta AB.

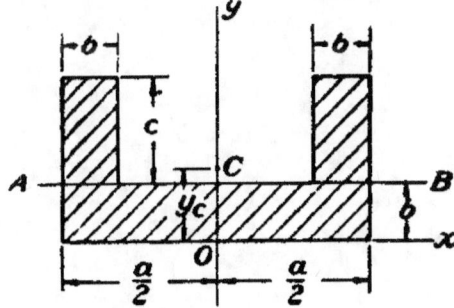

Problema 68.

De un cuadrado ABCD de lado a debe recortarse un triángulo isósceles ADE. Hallar la altura y de este triángulo, de manera que su vértice E sea el baricentro de la superficie sombreada restante.

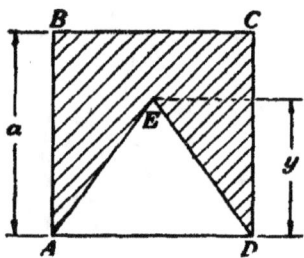

Reacciones en Sistemas Isostaticos

Estudiar los sistemas propuestos, verificar su isostaticidad y en caso de resultar hiperestático, adecuar los vínculos, de modo que el sistema sea isostático. Para cada caso detallar el estudio realizado.

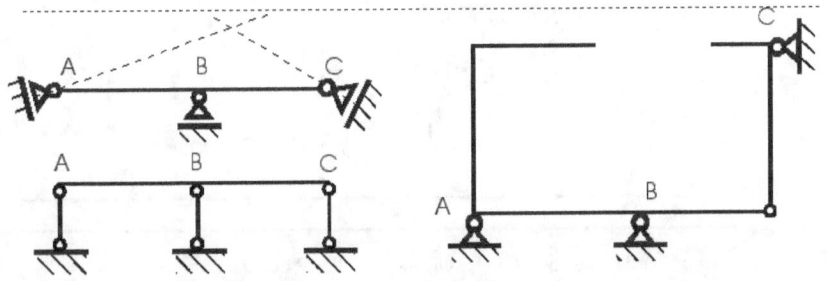

Determinar las reacciones en A y B en la ménsula de la figura.

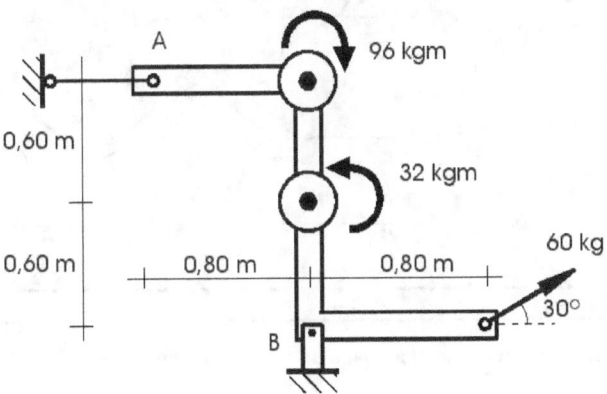

Problema 71.

Los elementos de la estructura son de peso despreciable. Determinar las reacciones en los puntos A, B, C, D, E, F.

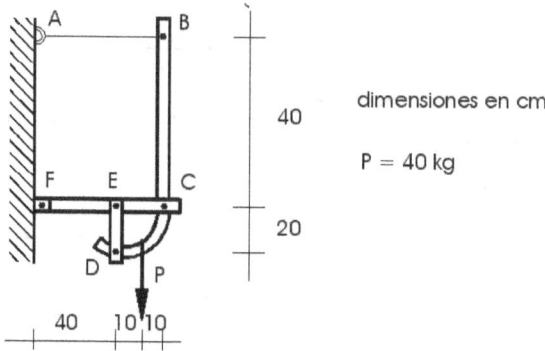

dimensiones en cm

$P = 40$ kg

Problema 72.

Determinar las fuerzas cortantes cuando se aplica P de 20 kg.

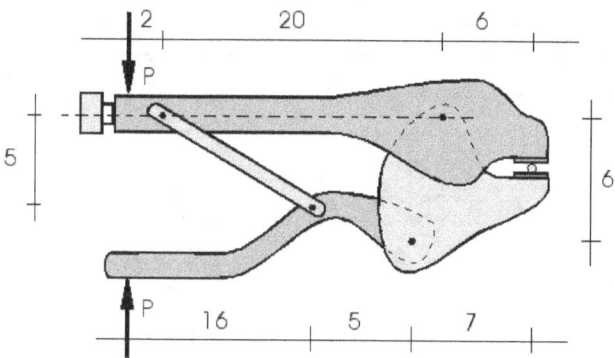

Problema 73.

Determinar la fuerza en el miembro BC y la reacción en A.

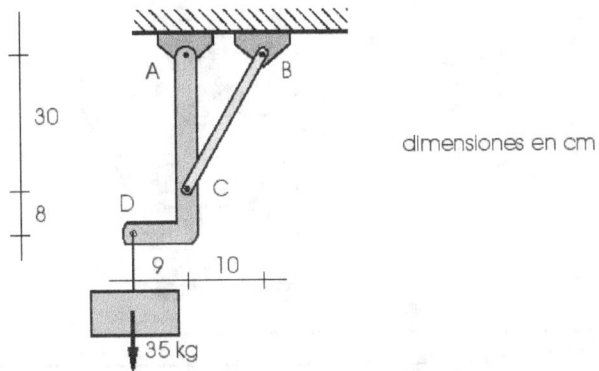

dimensiones en cm

Problema 74.

Sabiendo que en las superficies A y D no hay fricción, determínense las reacciones en A, B y D.

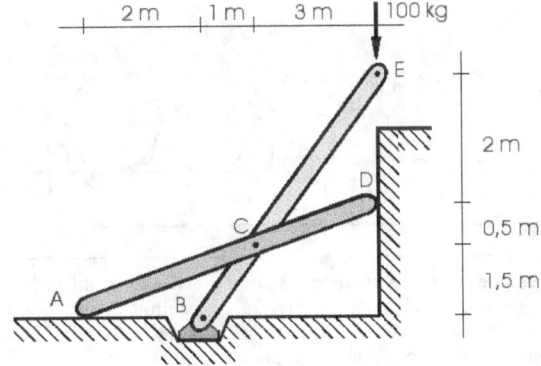

Problema 75.

Hallar la magnitud del esfuerzo que comprime el objeto M en una prensa, si el esfuerzo P = 20 kg y está dirigido perpendicularmente a la palanca OA que tiene un eje fijo O; en la posición considerada de la prénsale tiro BC es perpendicular a OB y divide al ángulo ECD en dos partes iguales; CED = 11° 20'; OA = 1 m; OB = 10 cm.

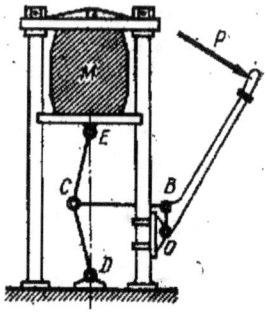

Problema 76.

Tres tubos idénticos que pesan 120 kg cada uno están puestos tal como se representa en el dibujo. Determinar la presión de cada tubo inferior sobre la tierra y sobre los muros laterales que los retienen. El rozamiento se desprecia.

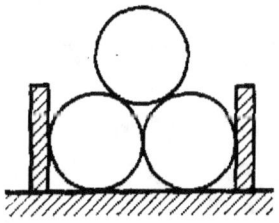

Problema 77.

Una placa de hormigón es sostenida por una cadena y eslinga fijas a la cuchara del cargador como se muestra. La acción de la cuchara es controlada por dos mecanismos iguales, ubicados simétricamente, uno de los cuales se muestra en la figura. Sabiendo que la placa pesa 400 kg, determinar la fuerza ejercida por: a) el gato CD; b) el gato FH.

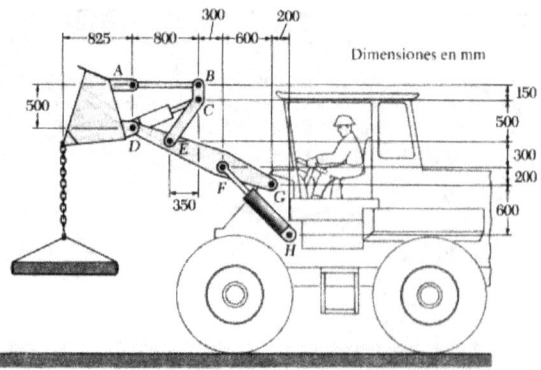

Problema 78.

En la figura, determinar el ángulo φ en el estado de equilibrio.

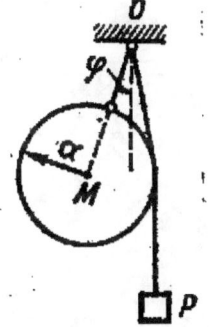

Datos:

Q = 200 kg

P = 50 kg

r = 50 cm

OM = 100 cm

Problema 79.

Dos esferas de radio r y peso G se encuentran dentro del cilindro de radio interior R ¿Cuál debe ser el peso mínimo Q del cilindro para mantener el equilibrio?

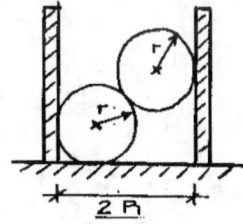

$$\begin{cases} r = 0,60\,m \\ G = 100\,Kg \\ R = 1\,m \end{cases}$$

Problema 80.

Determinar las componentes de todas las fuerzas que actúan sobre la barra EFG

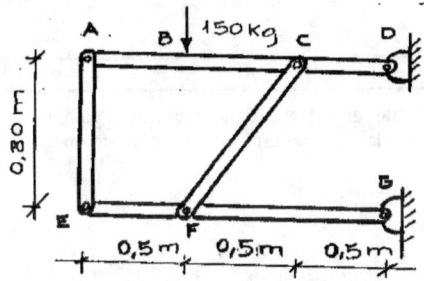

Problema 81.

Hallar la tensión en el cable A_1A_2, suponiendo un suelo horizontal perfectamente liso, sin rozamiento.

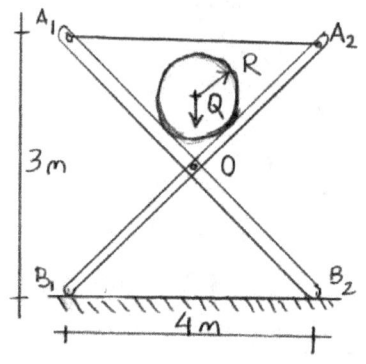

Datos

Peso del cilindro Q = 150 kg

Peso de cada barra W = 40 kg

R = 0,4 m

Problema 82.

Determinar la reacción en el punto D yel esfuerzo en la barra B-E, considerando las paredes sin fricción. P = 90 kg.

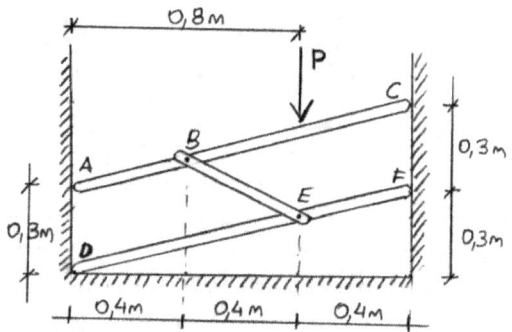

Problema 83.

Determinar el valor de la fuerza P que mantiene el equilibrio, sabiendo que la esfera "A" pesa 30 kg y el radio de la polea "B" es despreciable. No existe rozamiento.

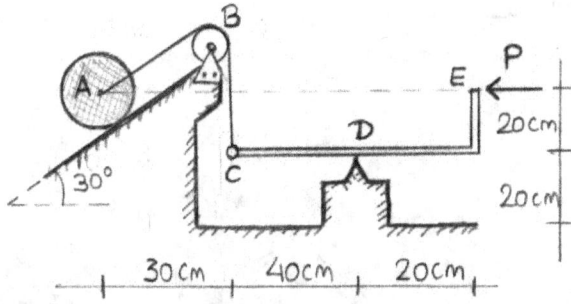

Problema 84.

Determinar la reacción en "E" y la fuerza en los miembros AD y BD.

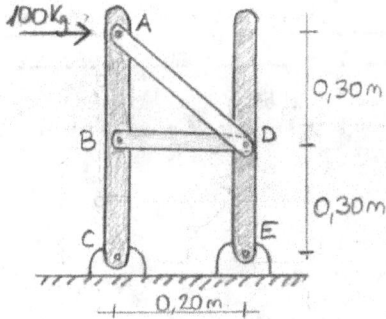

Problema 85.

Una barra AD se suspende de un cable BE y sostiene un bloque de 20 kg en C. En los extremos A y D no hay fricción. Determínese la tensión en el cable BE y las reacciones en A y D.

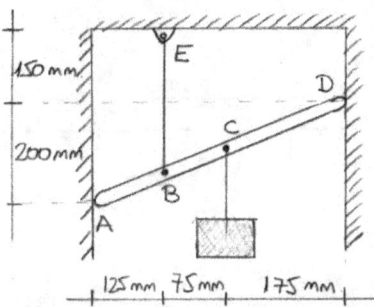

Problema 86.

Determinar la carga en cada rueda de la cargadora frontal, y su seguridad al vuelco.

P1 = 2500 kg

P2 = 900 kg

0.80 m

2.20 m

2.70 m

Problema 87.

El centro de gravedad del brazo de elevación de 750 kg está en el punto D. El trabajador y la canasta pesan 250 kg y su centro de gravedad combinado está en E. Para la posición indicada, determinar la fuerza realizada por el gato BC.

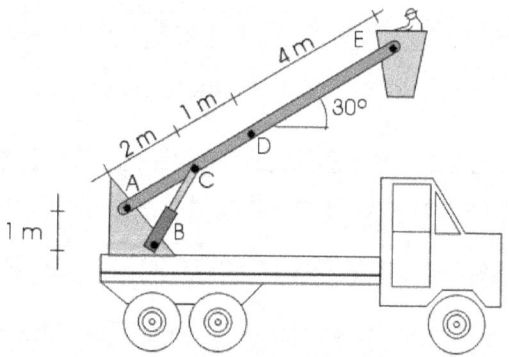

Problema 88.

Determinar las reacciones de vínculo.

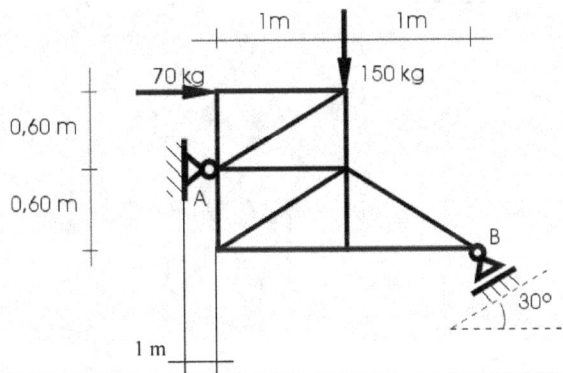

Problema 89.

Conocida la reacción en la biela AB, determinar el valor de la fuerza P, y la reacción en el vínculo C.

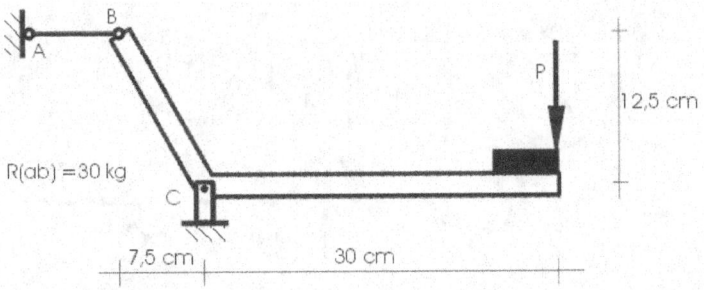

Problema 90.

Con los datos del sistema de fuerzas aplicado a la estructura de la figura, determinar las reacciones en el empotramiento de la misma.

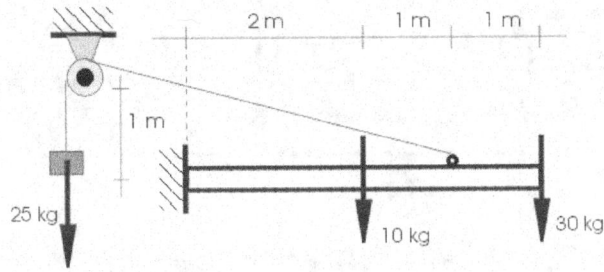

Problema 91.

Una grúa fija, que pesa 2 t, se usa para levantar una carga de 5 t. Determinar las reacciones en A y B.

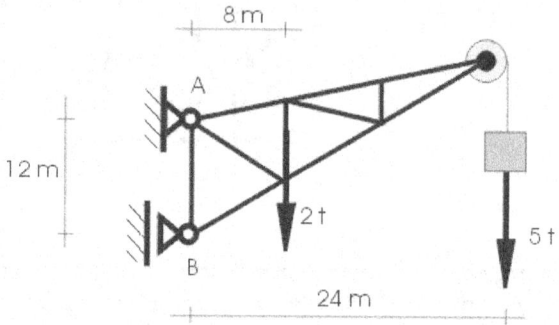

Problema 92.

Determinar las reacciones de vínculo.

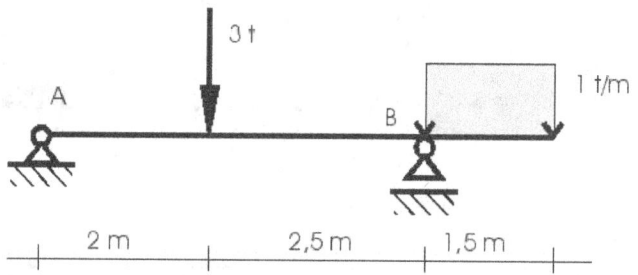

Problema 93.

Determinar las reacciones de vínculo.

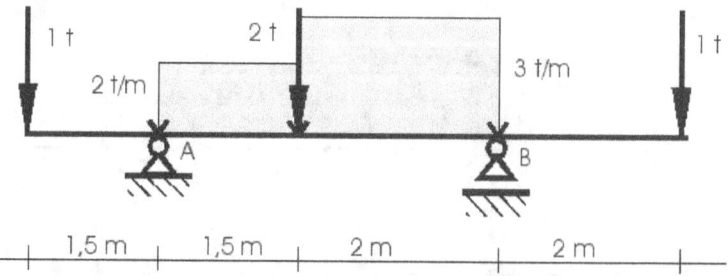

Problema 94.

Determinar las reacciones de vínculo.

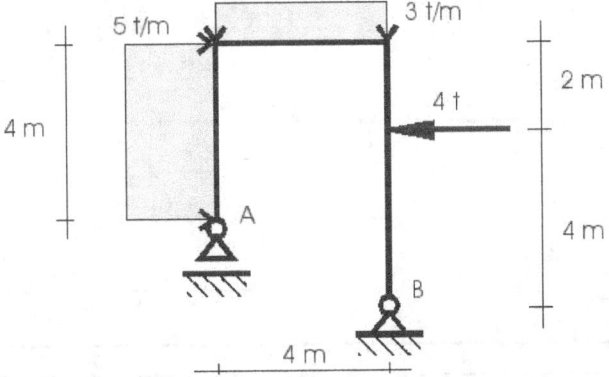

Problema 95.

Determinar las reacciones de vínculo.

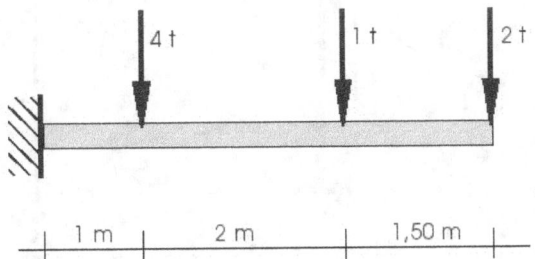

Problema 96.

Determinar las reacciones de vínculo.

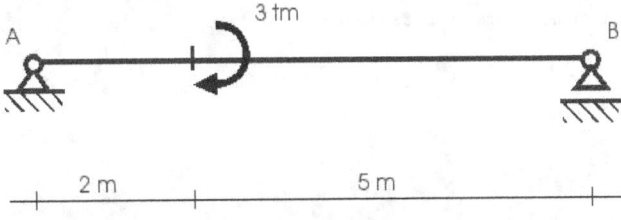

Problema 97.

Determinar las reacciones de vínculo de la siguiente viga Gerber.

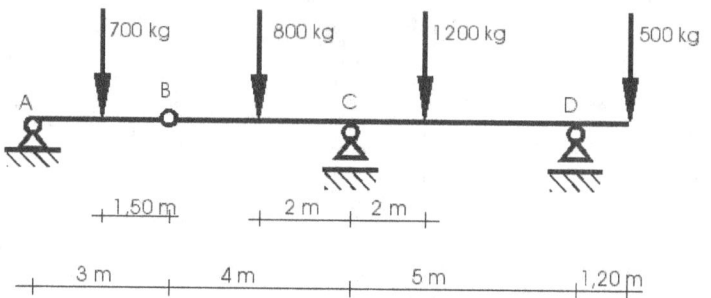

Problema 98.

Determinar las reacciones de vínculo.

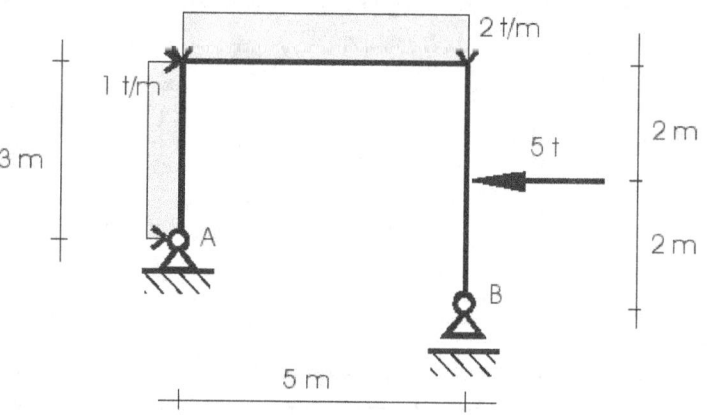

Problema 99.

Determinar las reacciones de vínculo.

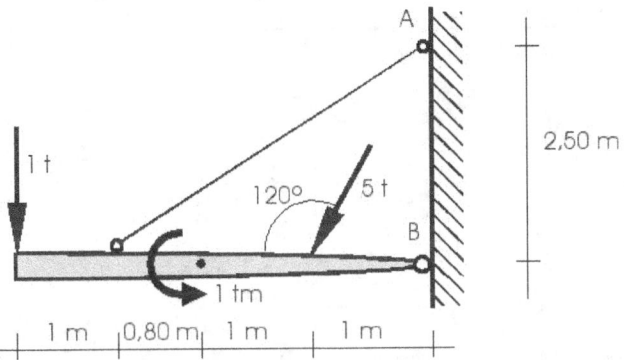

Problema 100.

Determinar las reacciones de vínculo.

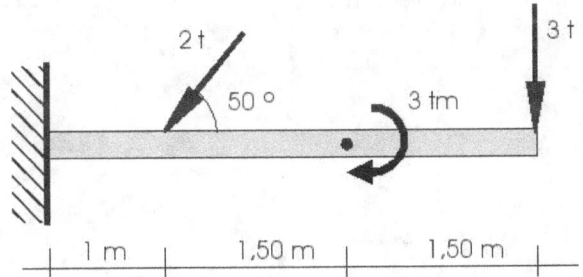

Problema 101.

Determinar las reacciones de vínculo.

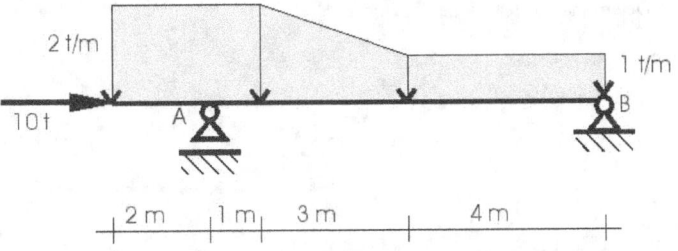

Problema 102.

Determinar las reacciones de vínculo.

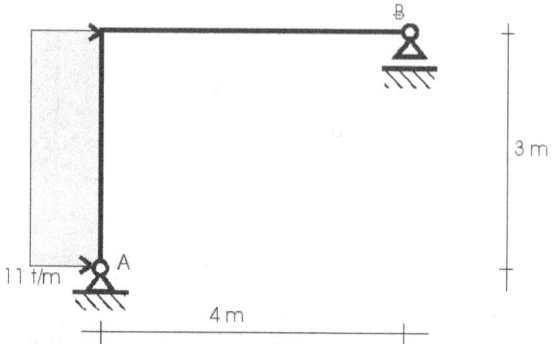

Problema 103.

Determinar las reacciones de vínculo.

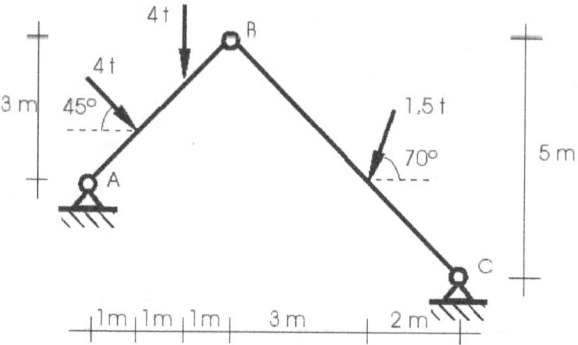

Problema 104.

Determinar las reacciones de vínculo.

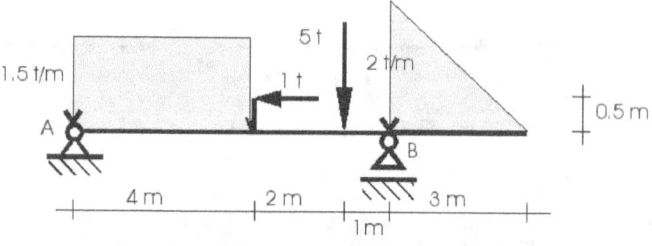

Problema 105.

Determinar las reacciones de vínculo.

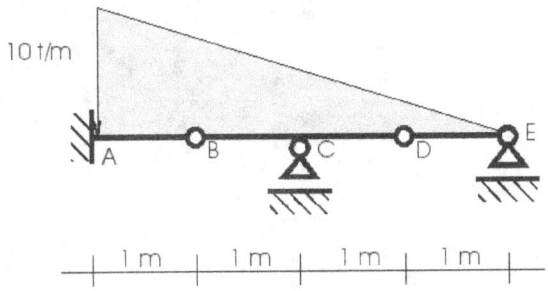

Problema 106.

Adecuar los apoyos de la estructura para que resulte isostática. Calcular las reacciones.

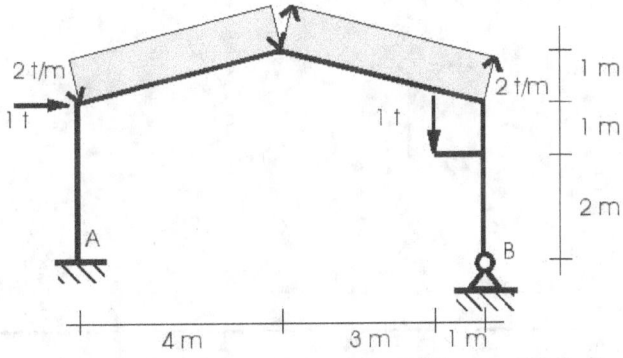

Problema 107.

Determinar las reacciones de vínculo.

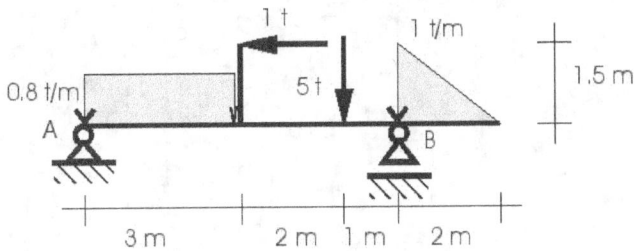

Problema 108.

Determinar las reacciones de vínculo.

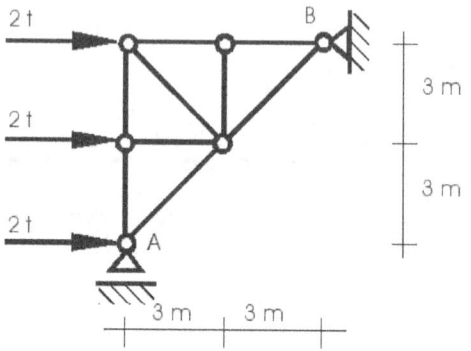

Problema 109.

Determinar las reacciones de vínculo.

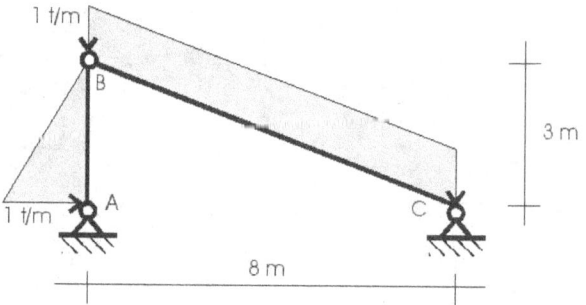

Problema 110.

Adecuar los apoyos de la estructura para que resulte isostática. Determinar las reacciones de vínculo.

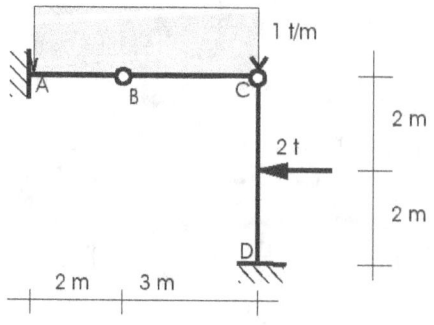

Problema 111.

Determinar las reacciones de vínculo.

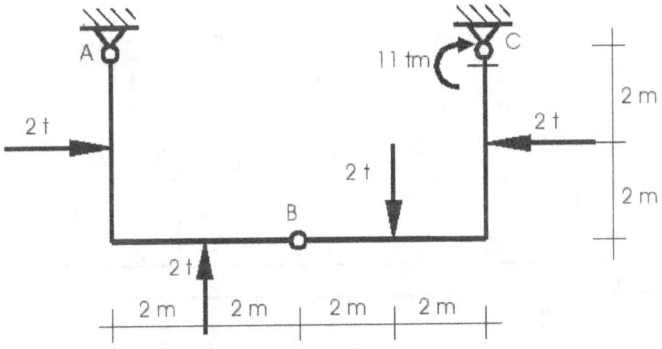

Problema 112.

Determinar las reacciones de vínculo.

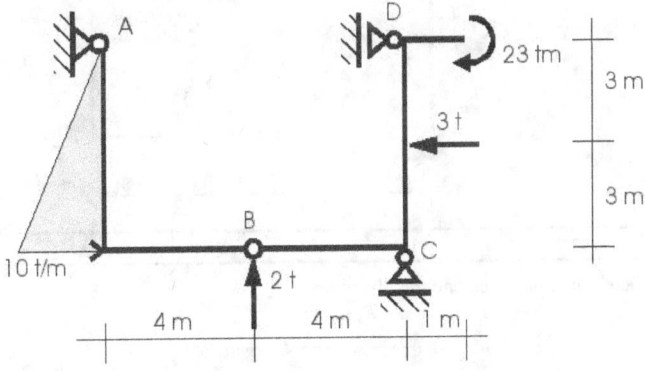

Problema 113.

Determinar las reacciones de vínculo.

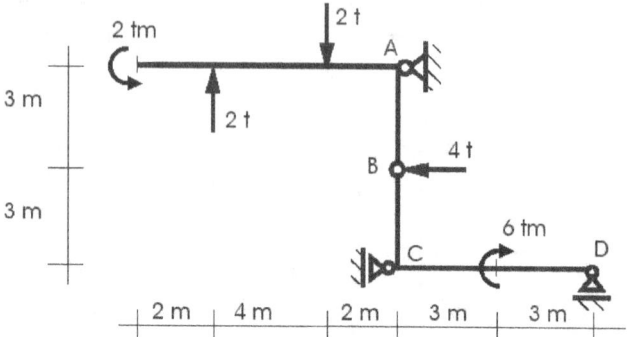

Problema 114.

Determinar las reacciones de vínculo.

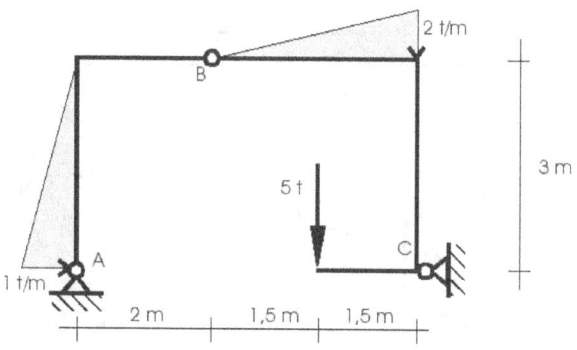

Problema 115.

Determinar las reacciones de vínculo.

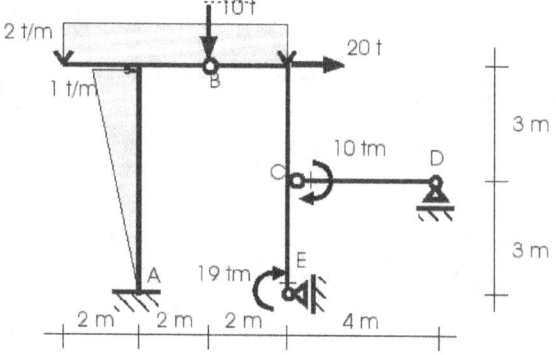

Problema 116.

Determinar las reacciones de vínculo.

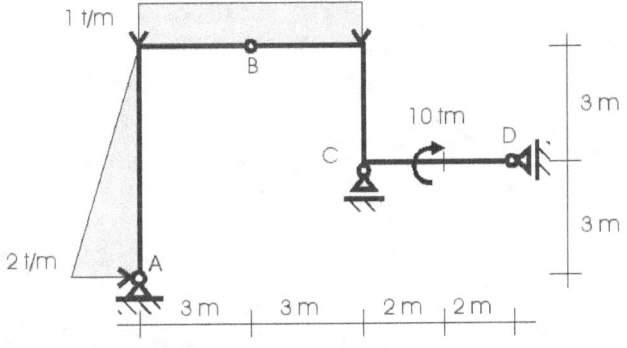

Problema 117.

Determinar las reacciones de vínculo.

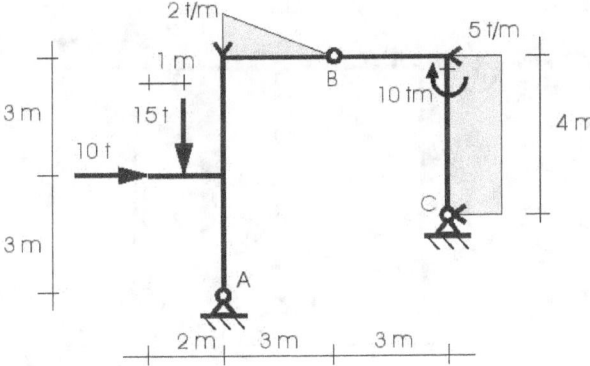

Problema 118.

Determinar las reacciones de vínculo.

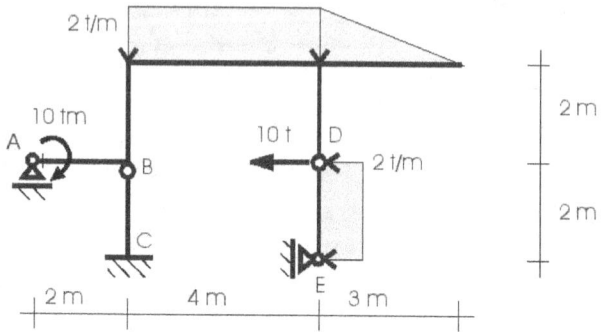

Problema 119.

Determinar las reacciones de vínculo.

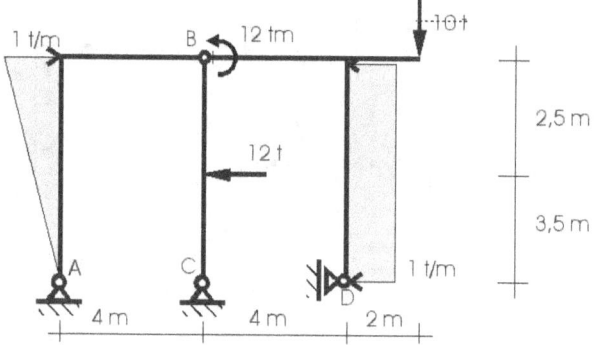

Problema 120.

Determinar las reacciones de vínculo.

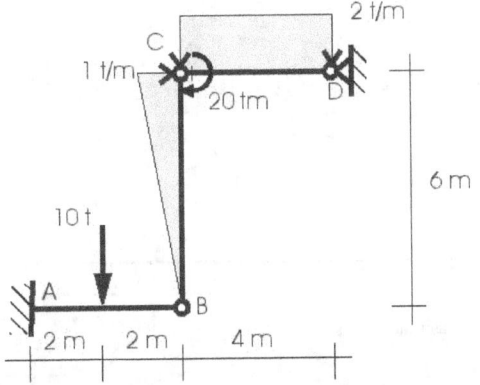

Problema 121.

Determinar las reacciones de vínculo.

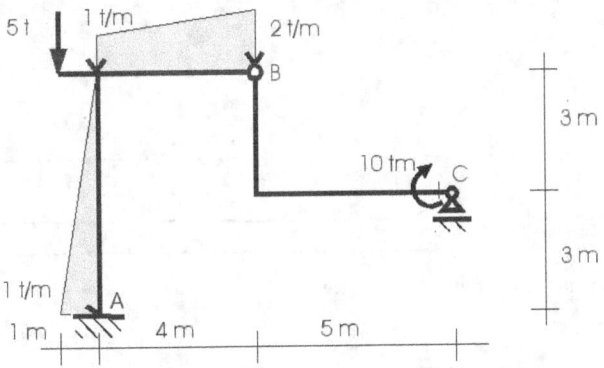

Problema 122.

Determinar las reacciones de vínculo.

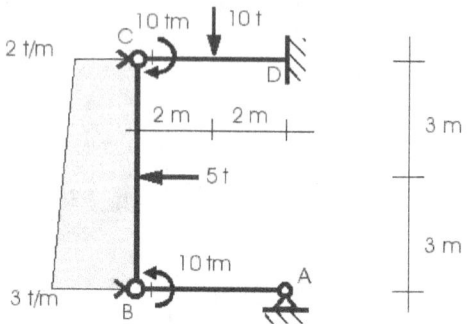

Problema 123.

Determinar las reacciones de vínculo.

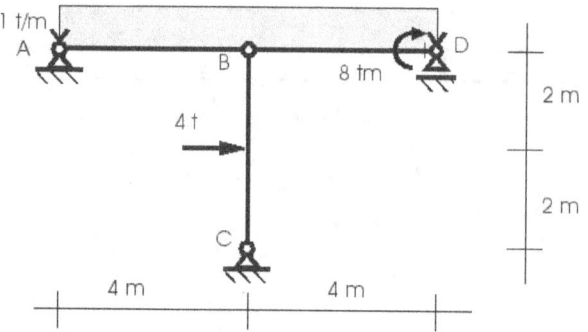

Problema 124.

Determinar las reacciones de vínculo.

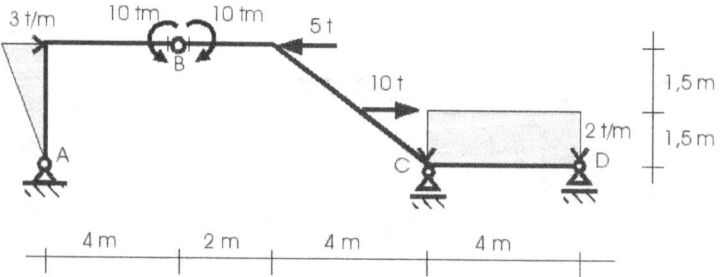

Problema 125.

Determinar las reacciones de vínculo.

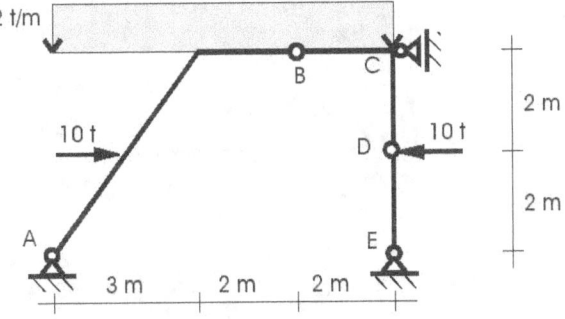

Problema 126.

Determinar las reacciones de vínculo.

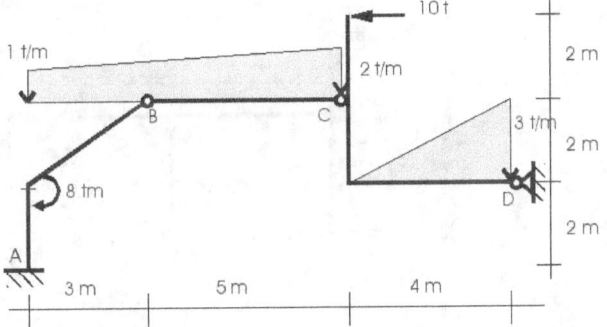

Problema 127.

Determinar las reacciones de vínculo.

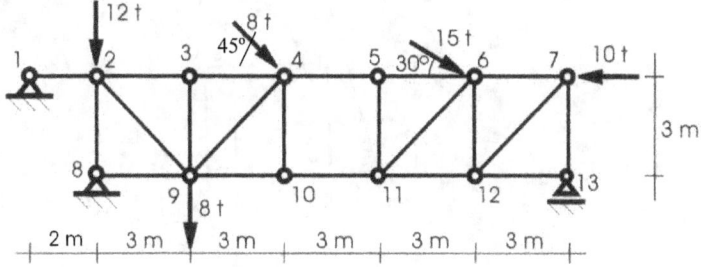

Problema 128.

Adecuar los vínculos de la estructura para que resulte isostática. Determinar las reacciones de vínculo.

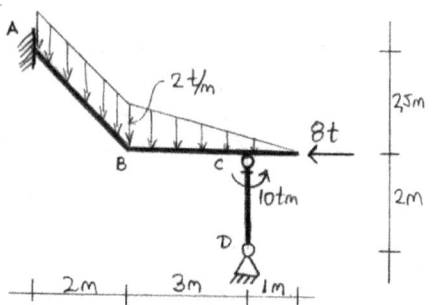

Problema 129.

Determinar las reacciones de vínculo.

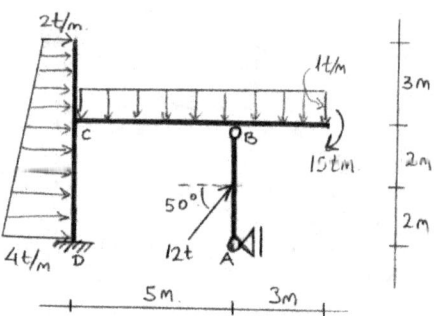

Problema 130.

Realizar el estudio cinemático y determinar las reacciones de vínculo.

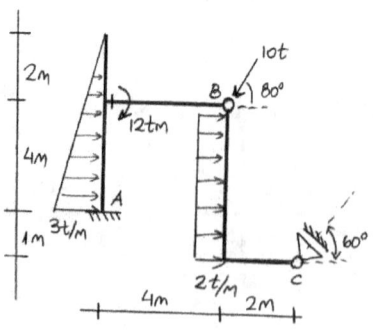

Problema 131.

Realizar el estudio cinemático y determinar las reacciones de vínculo.

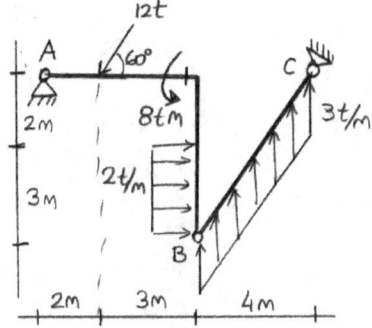

Problema 132.

Realizar el estudio cinemático y determinar las reacciones de vínculo.

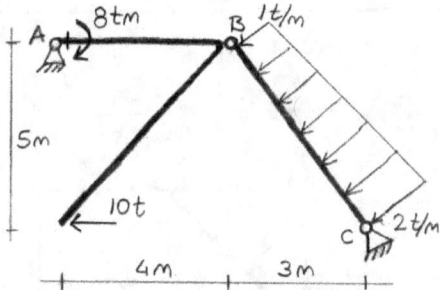

Problema 133.

Realizar el estudio cinemático y determinar las reacciones de vínculo.

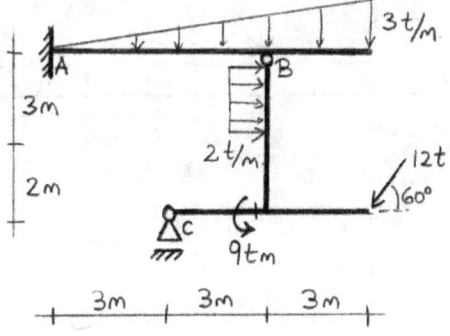

Problema 134.

Adecuar los vínculos de la estructura para que resulte isostática. Detallar el estudio cinemático y determinar las reacciones de vínculo.

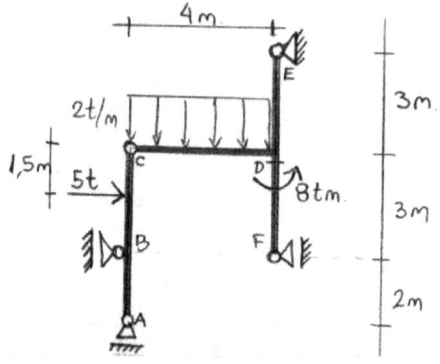

Problema 135.

Determinar las reacciones de vínculo.

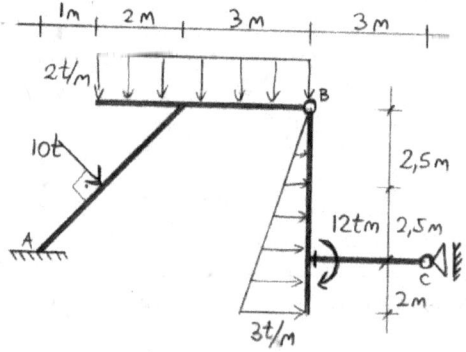

Problema 136.

Adecuar los vínculos de la estructura para que resulte isostática. Detallar el estudio cinemático y determinar las reacciones de vínculo.

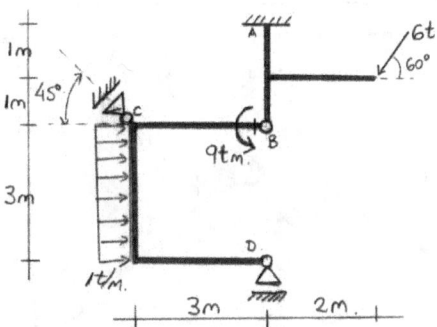

Problema 137.

Determinar las reacciones de vínculo.

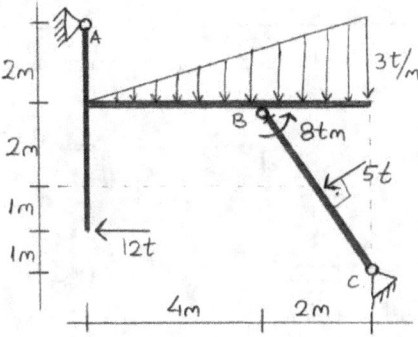

Problema 138.

Adecuar los vínculos de la estructura para que resulte isostática. Detallar el estudio cinemático y determinar las reacciones de vínculo.

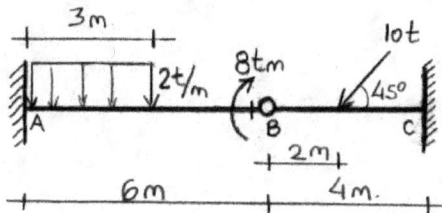

Problema 139.

Determinar las reacciones de vínculo.

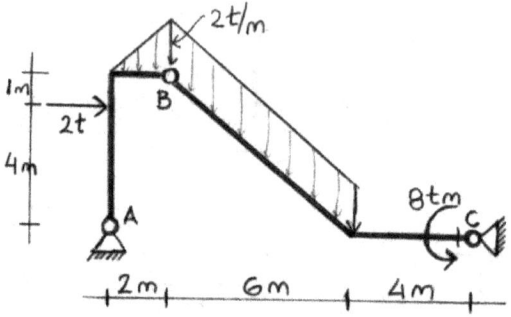

Problema 140.

Adecuar los vínculos de la estructura para que resulte isostática. Detallar el estudio cinemático y determinar las reacciones de vínculo.

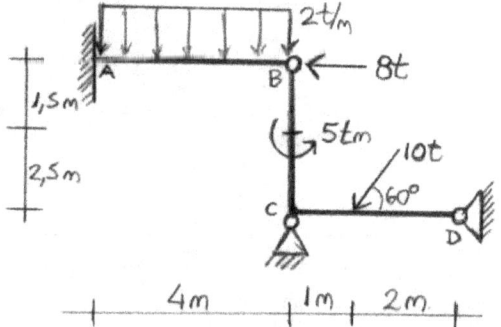

Esfuerzos interiores en
Sistemas de Alma llena: Vigas

Problema 141.

Trazar los diagramas de M, N y Q.

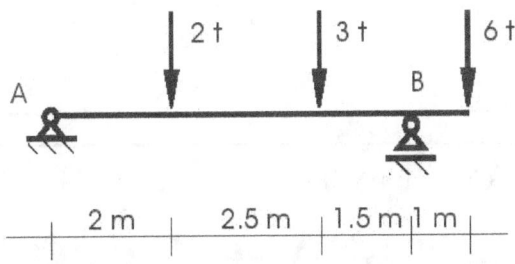

Problema 142.

Trazar los diagramas de M, N y Q.

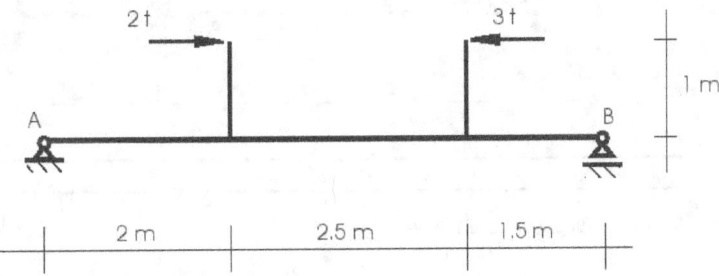

Problema 143.

Trazar los diagramas de M, N y Q.

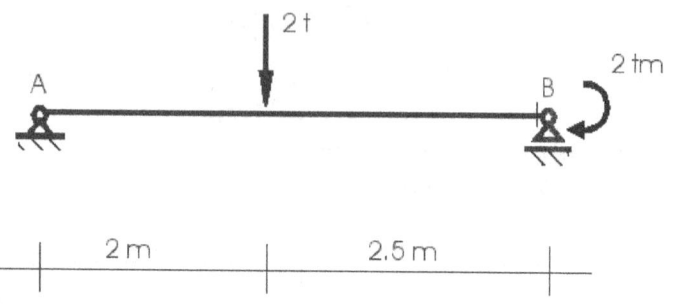

Problema 144.

Trazar los diagramas de M, N y Q.

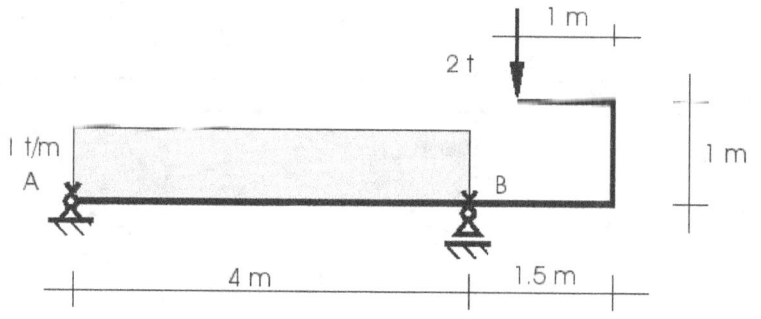

Problema 145.

Trazar los diagramas de M, N y Q.

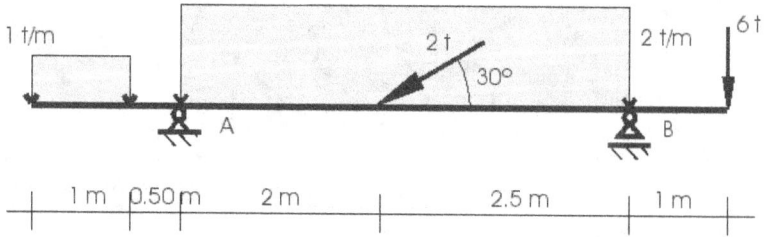

Problema 146.

Trazar los diagramas de M, N y Q.

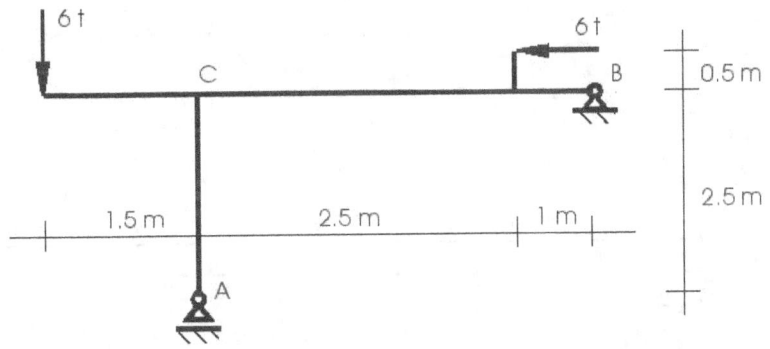

Problema 147.

Trazar los diagramas de M, N y Q.

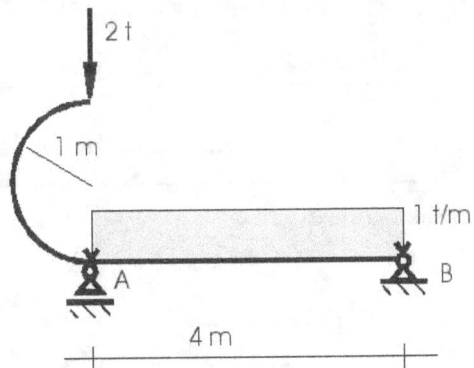

Problema 148.

Trazar los diagramas de M, N y Q.

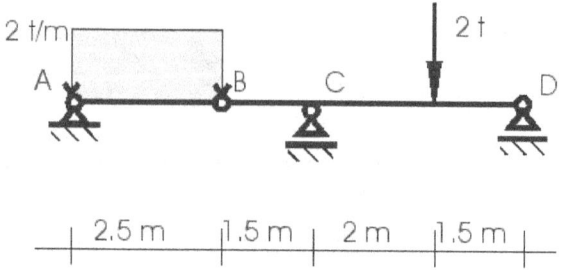

Problema 149.

Trazar los diagramas de M, N y Q.

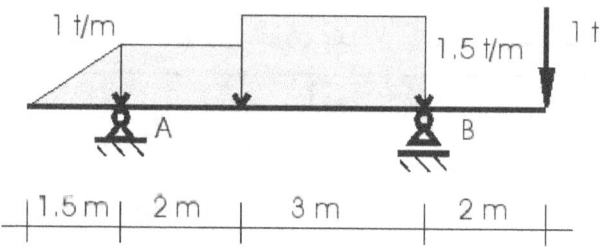

Problema 150.

Trazar los diagramas de M, N y Q.

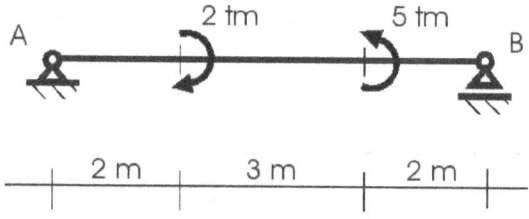

Problema 151.

Trazar los diagramas de M, N y Q.

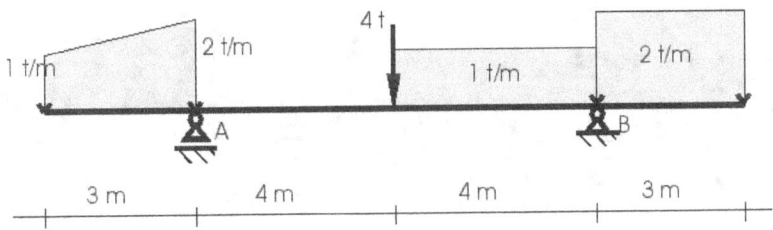

Problema 152.

Trazar los diagramas de M, N y Q.

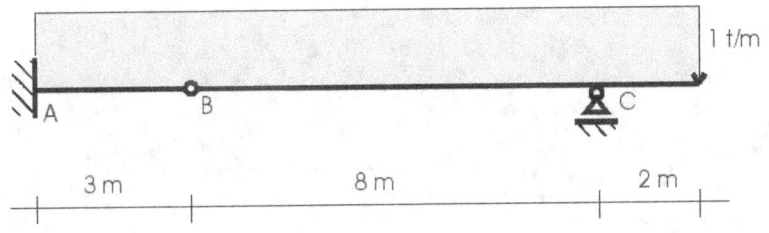

Problema 153.

Trazar los diagramas de M, N y Q.

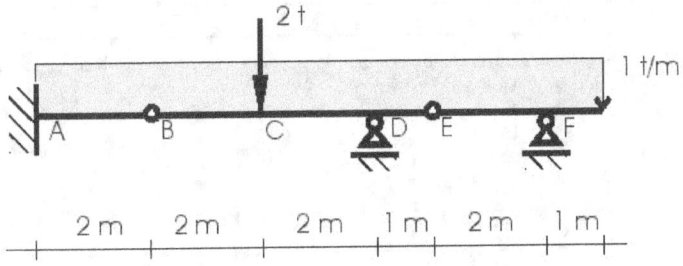

Problema 154.

Trazar los diagramas de M, N y Q.

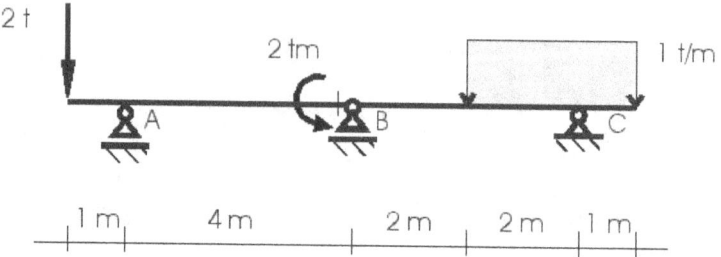

Problema 155.

En la viga de la figura determinar la sección donde se produce el máximo momento flexor, aplicando la relación entre esfuerzos.

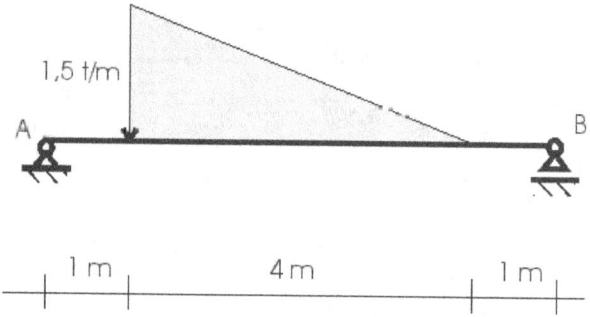

Problema 156.

En la viga de la figura determinar la sección donde se produce el máximo momento flexor, aplicando la relación entre esfuerzos.

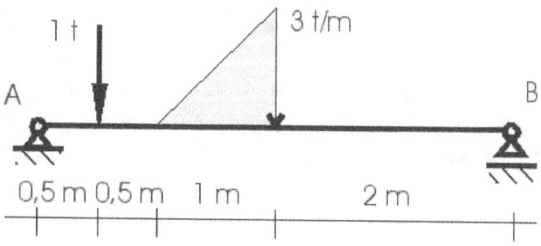

Problema 157.

Trazar los diagramas de M, N y Q.

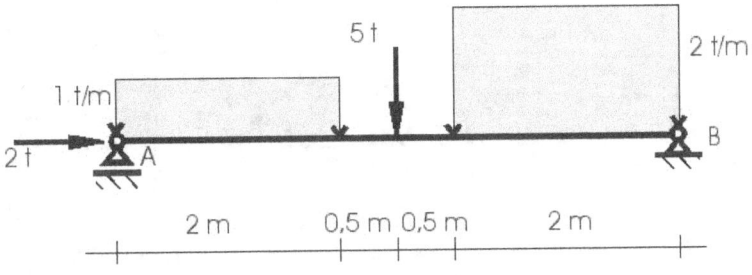

Problema 158.

Trazar los diagramas de M, N y Q.

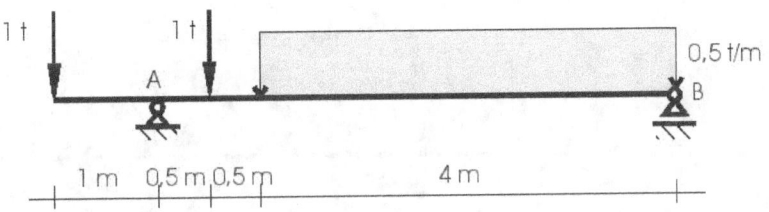

Problema 159.

Trazar los diagramas de M, N y Q.

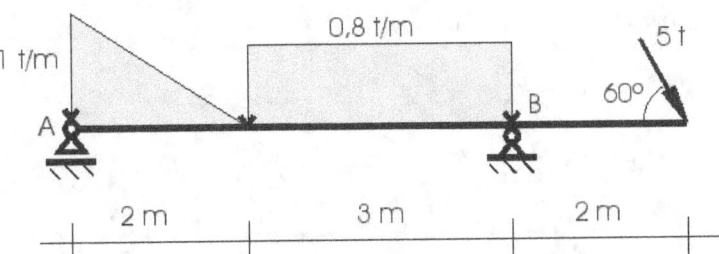

Problema 160.

Trazar los diagramas de M, N y Q.

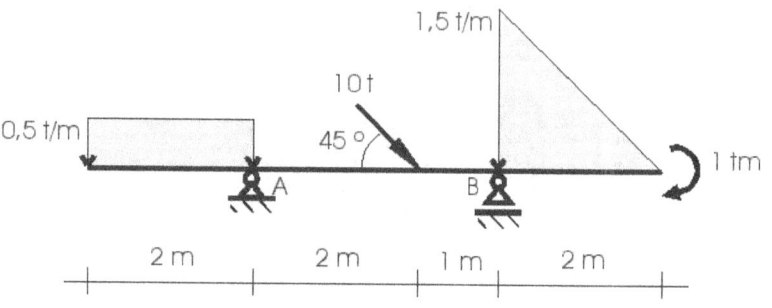

Problema 161.

Trazar los diagramas de M, N y Q.

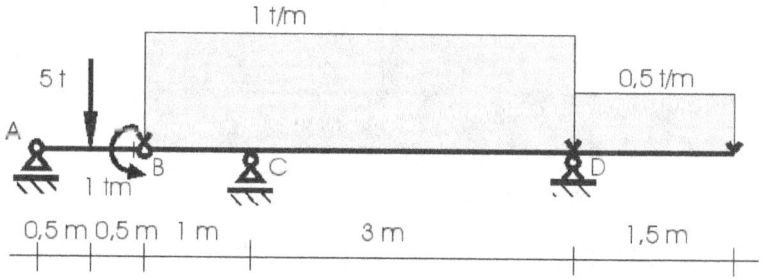

Problema 162.

Trazar los diagramas de M, N y Q.

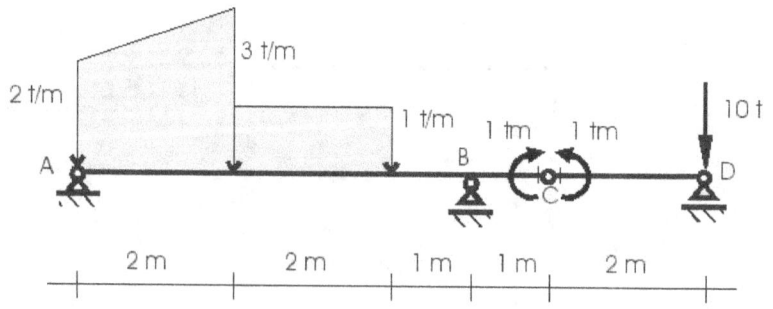

Problema 163.

Trazar los diagramas de M, N y Q.

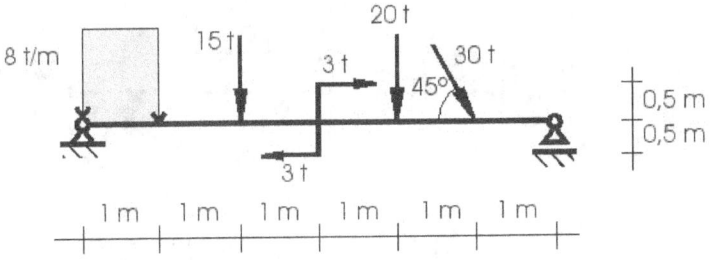

Problema 164.

Trazar los diagramas de M, N y Q.

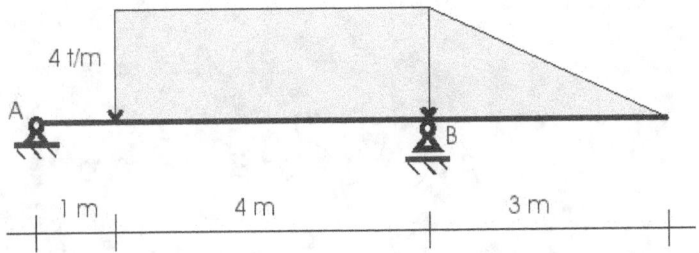

Problema 165.

Trazar los diagramas de M, N y Q.

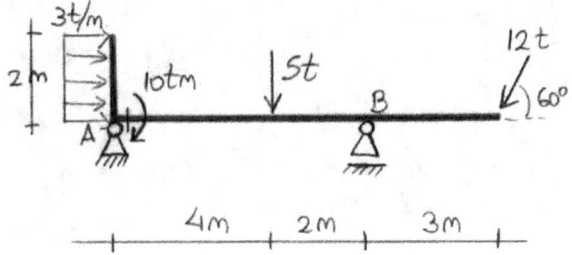

Problema 166.

Trazar los diagramas de M, N y Q.

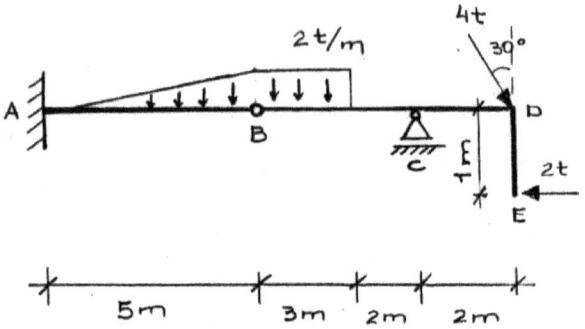

Problema 167.

Trazar los diagramas de M, N y Q.

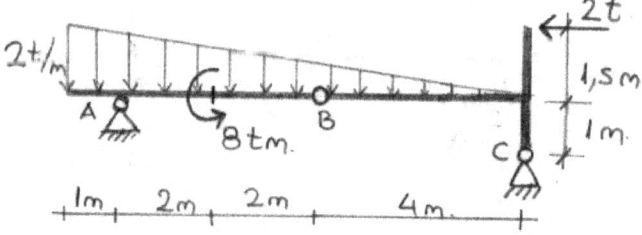

Problema 168.

Trazar los diagramas de M, N y Q.

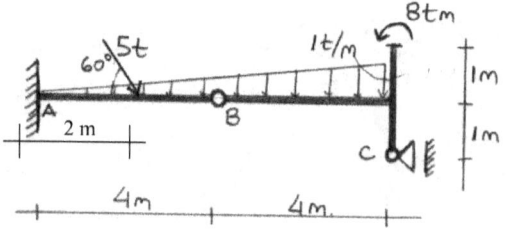

Problema 169.

Trazar los diagramas de M, N y Q.

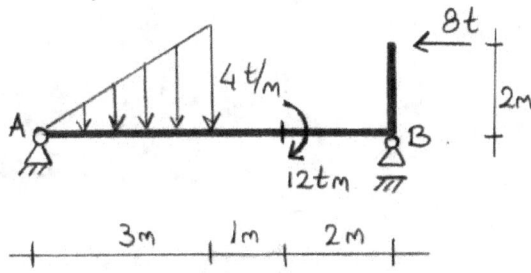

Problema 170.

Trazar los diagramas de M, N y Q.

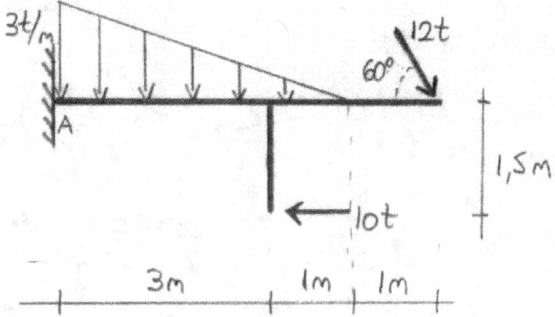

Problema 171.

Trazar los diagramas de M, N y Q.

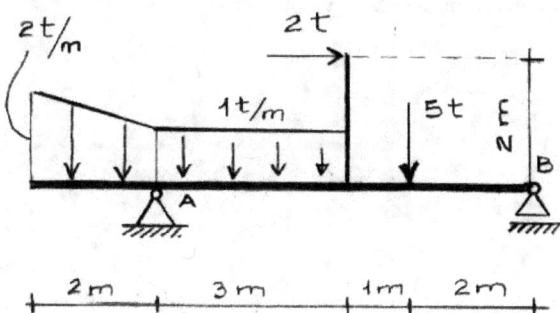

Problema 172.

Trazar los diagramas de M, N y Q.

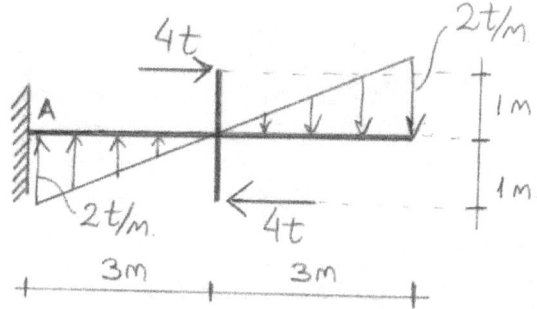

Problema 173.

Trazar los diagramas de M, N y Q.

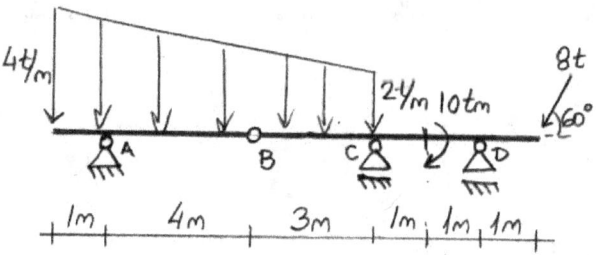

Problema 174.

Trazar los diagramas de M, N y Q, sin valores.

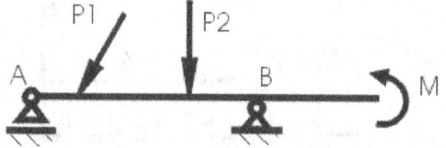

Problema 175.

Trazar los diagramas de M, N y Q, sin valores.

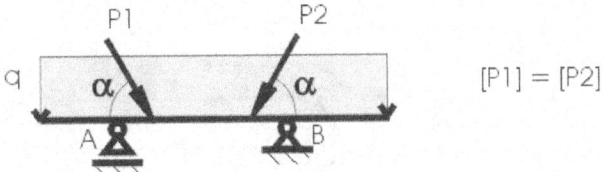

$[P1] = [P2]$

Problema 176.

Trazar los diagramas de M, N y Q, sin valores.

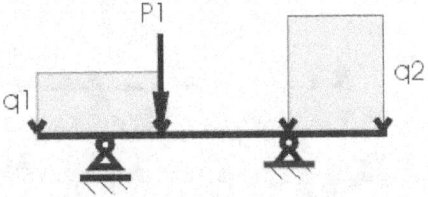

Problema 177.

Trazar los diagramas de M, N y Q, sin valores.

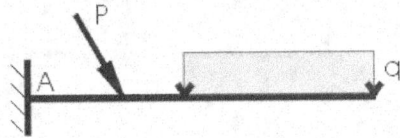

Problema 178.

Trazar los diagramas de M, N y Q, sin valores.

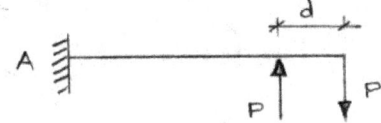

Problema 179.

Trazar los diagramas de M, N y Q, sin valores.

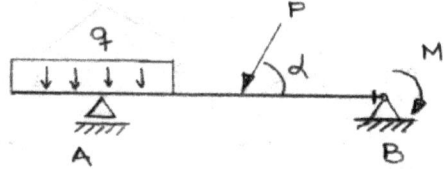

Problema 180.

Trazar los diagramas de M, N y Q, sin valores.

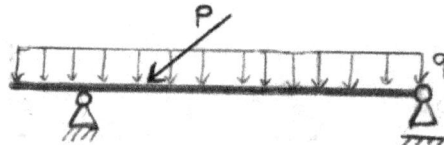

Problema 181.

Trazar los diagramas de M, N y Q, sin valores.

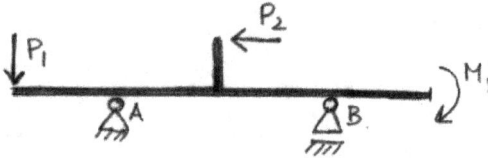

Esfuerzos interiores en
Sistemas de Alma llena: Porticos

Problema 182.

Trazar los diagramas de M, N y Q.

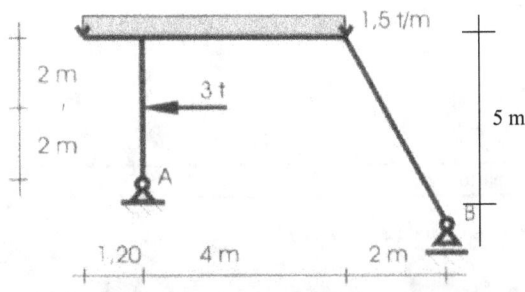

Problema 183.

Trazar los diagramas de M, N y Q.

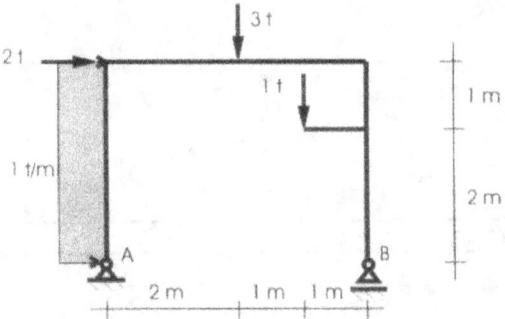

Problema 184.

Trazar los diagramas de M, N y Q.

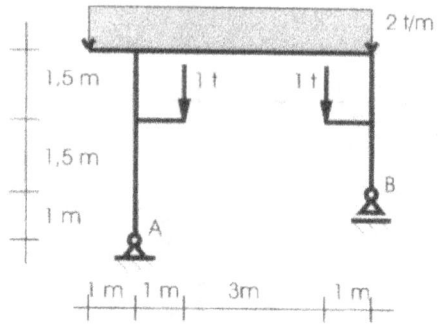

Problema 185.

Trazar los diagramas de M, N y Q.

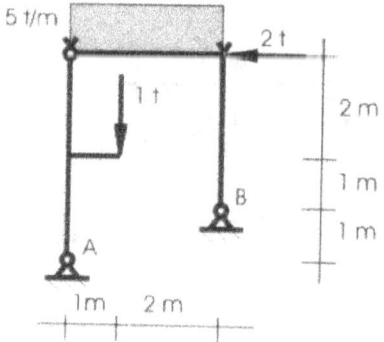

Problema 186.

Trazar los diagramas de M, N y Q.

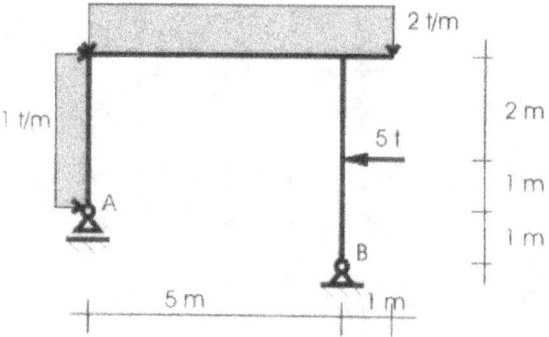

Problema 187.

Trazar los diagramas de M, N y Q.

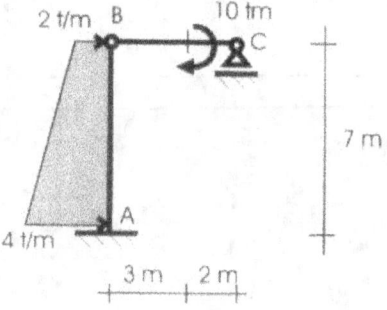

Problema 188.

Trazar los diagramas de M, N y Q.

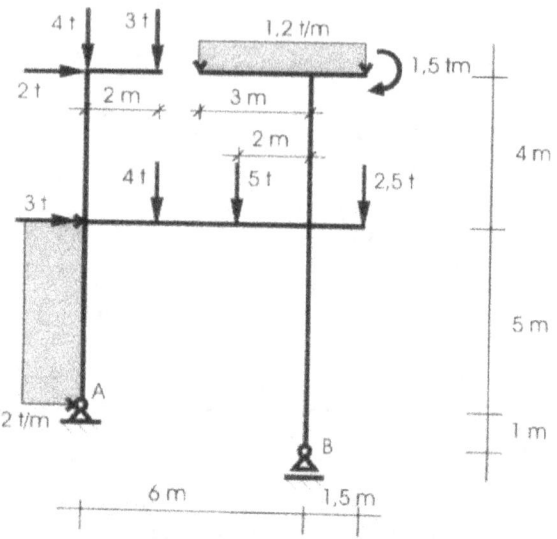

Problema 189.

Trazar los diagramas de M, N y Q.

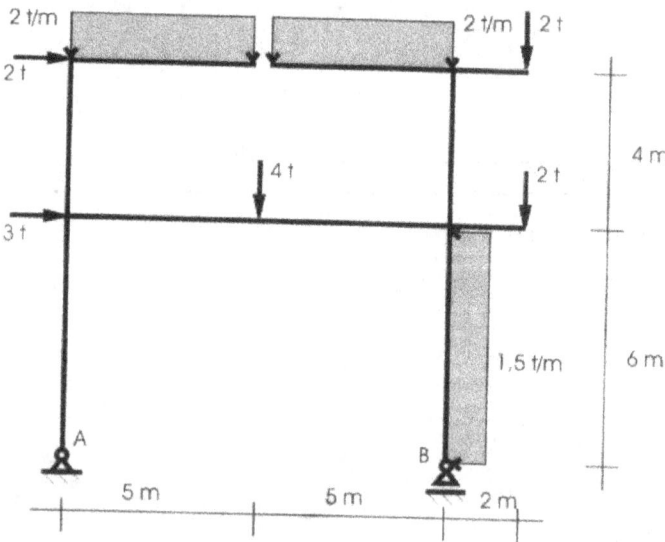

Problema 190.

Trazar los diagramas de M, N y Q.

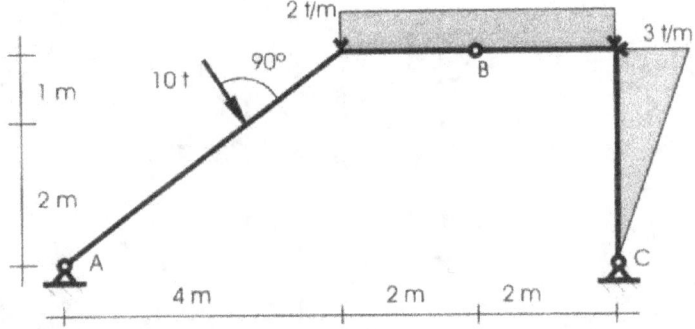

Problema 191.

Trazar los diagramas de M, N y Q.

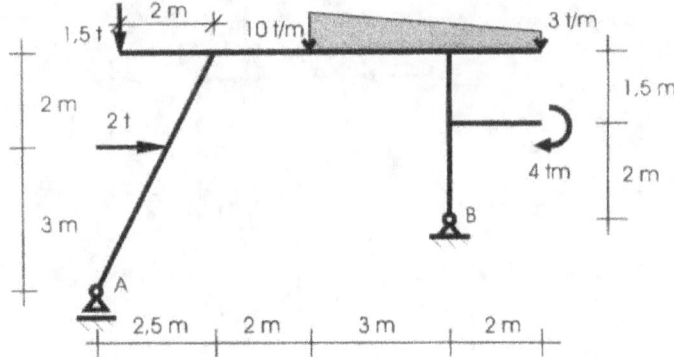

Problema 192.

Trazar los diagramas de M, N y Q.

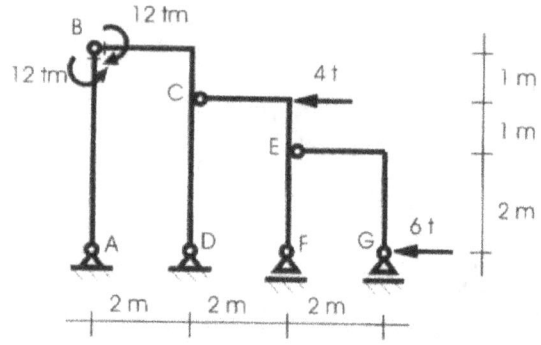

Problema 193.

Trazar los diagramas de M, N y Q.

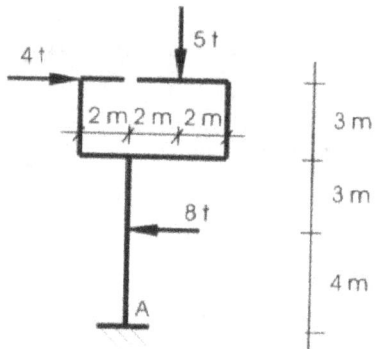

Problema 194.

Trazar los diagramas de M, N y Q.

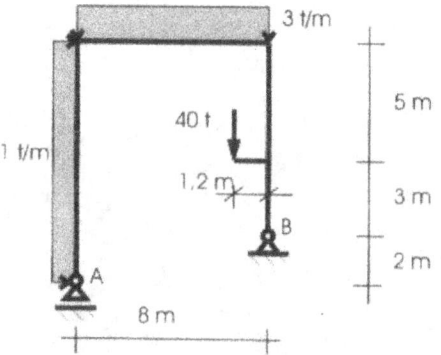

Problema 195.

Trazar los diagramas de M, N y Q.

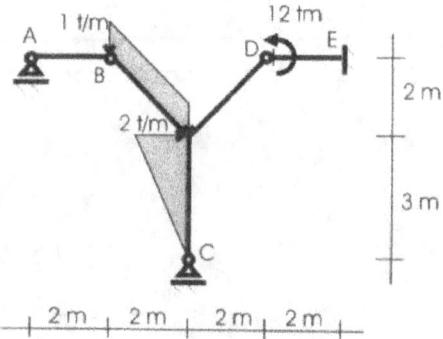

Problema 196.

Trazar los diagramas de M, N y Q.

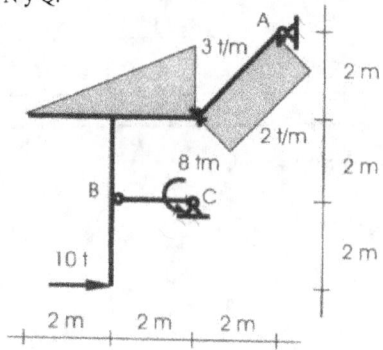

Problema 197.

Trazar los diagramas de M, N y Q.

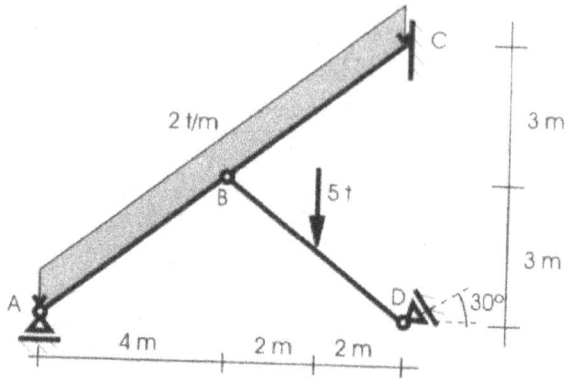

Problema 198.

Trazar los diagramas de M, N y Q.

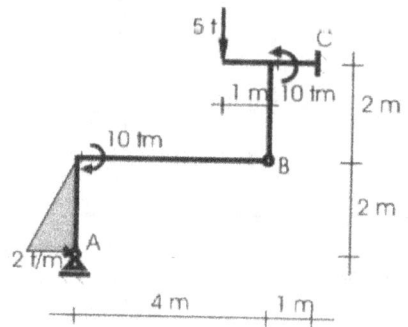

Problema 199.

Trazar los diagramas de M, N y Q.

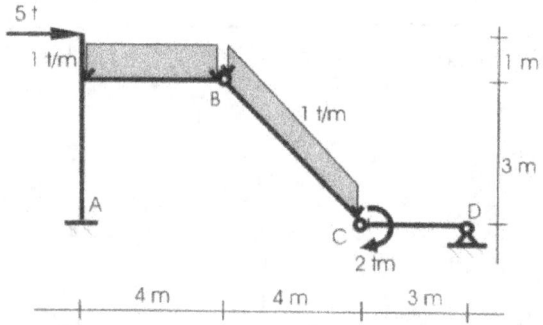

Problema 200.

Trazar los diagramas de M, N y Q.

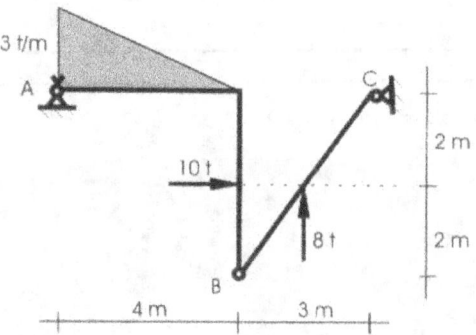

Problema 201.

Trazar los diagramas de M, N y Q.

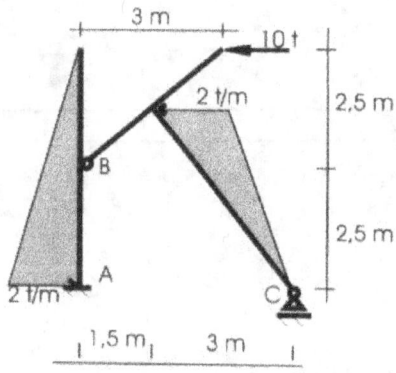

Problema 202.

Trazar los diagramas de M, N y Q.

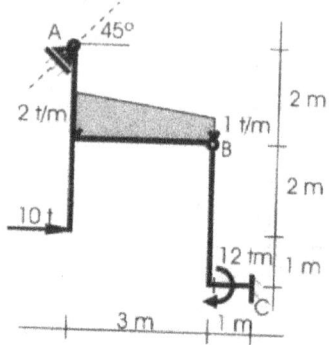

Problema 203.

Trazar los diagramas de M, N y Q.

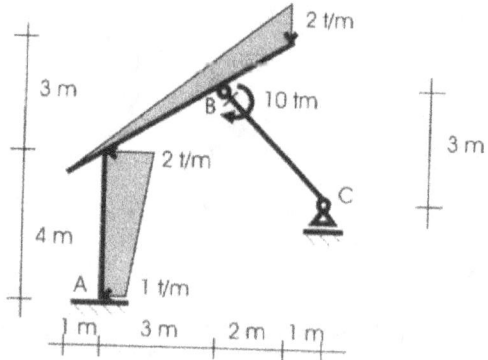

Problema 204.

Trazar los diagramas de M, N y Q.

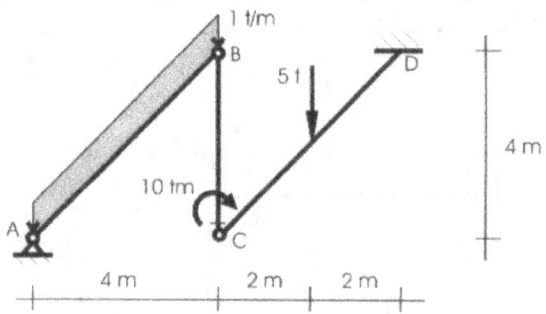

Problema 205.

Trazar los diagramas de M, N y Q.

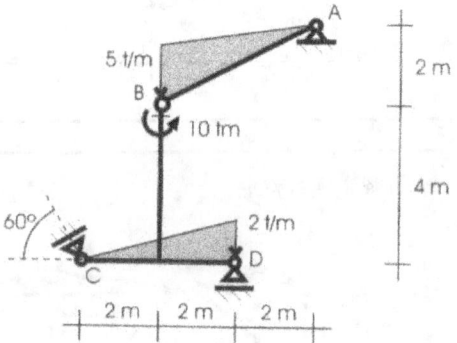

Problema 206.

Trazar los diagramas de M, N y Q.

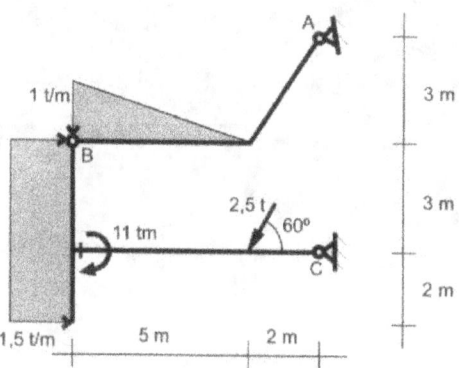

Problema 207.

Trazar los diagramas de M, N y Q.

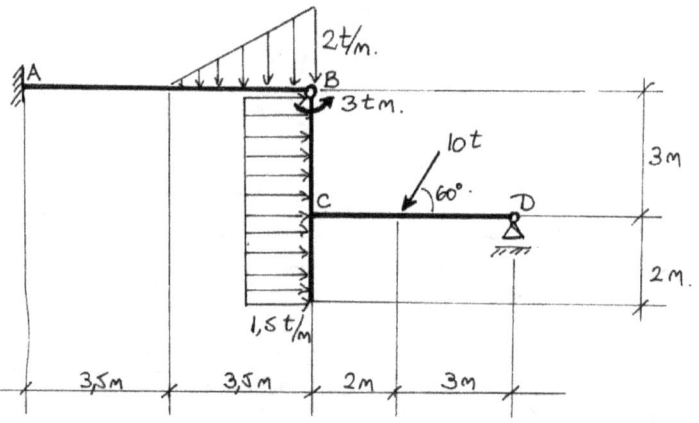

Problema 208.

Trazar los diagramas de M, N y Q.

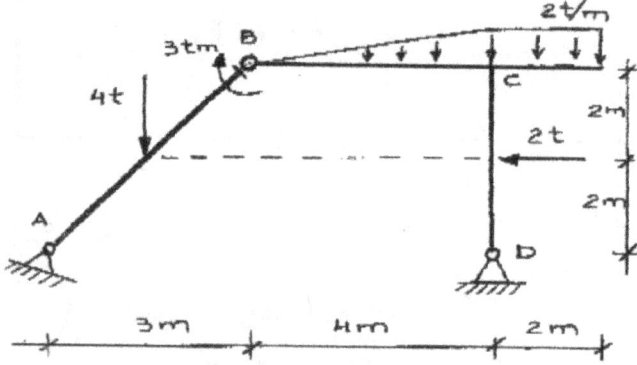

Problema 209.

Trazar los diagramas de M, N y Q.

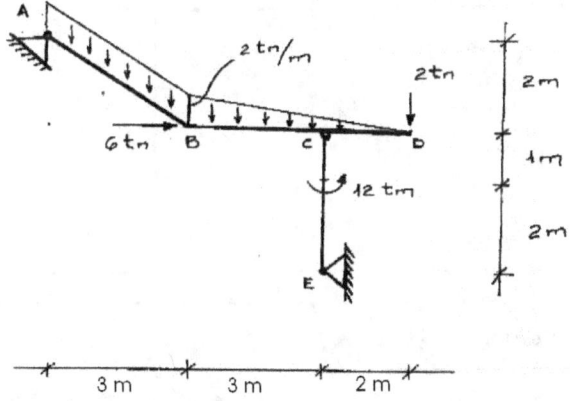

Problema 210.

Trazar los diagramas de M, N y Q.

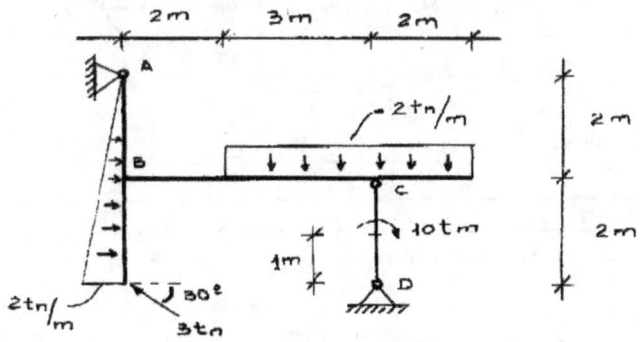

Problema 211.

Trazar los diagramas de M, N y Q.

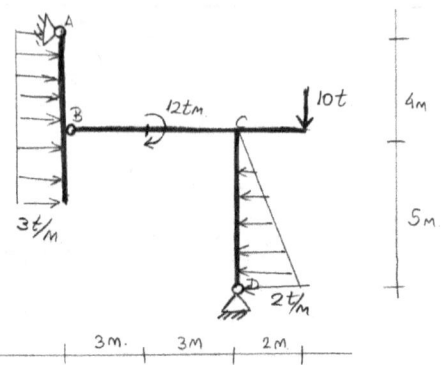

Problema 212.

Trazar los diagramas de M, N y Q.

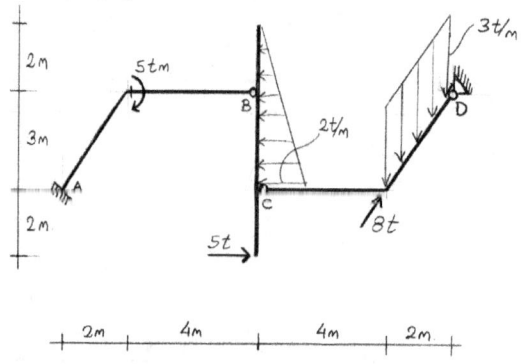

Problema 213.

Trazar los diagramas de M, N y Q.

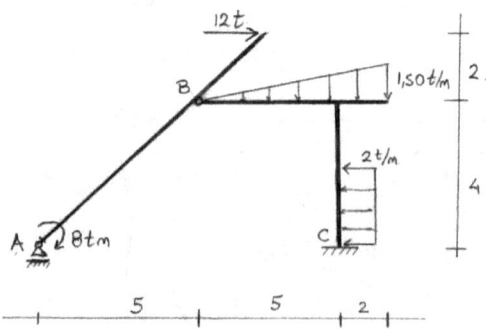

Problema 214.

Trazar los diagramas de M, N y Q.

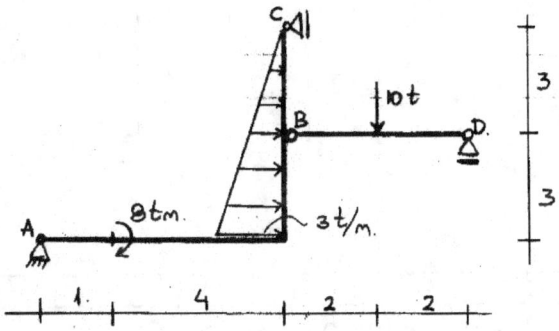

Problema 215.

Trazar los diagramas de M, N y Q.

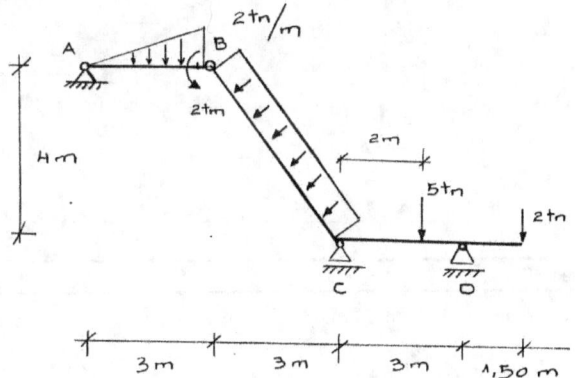

Problema 216.

Trazar los diagramas de M, N y Q.

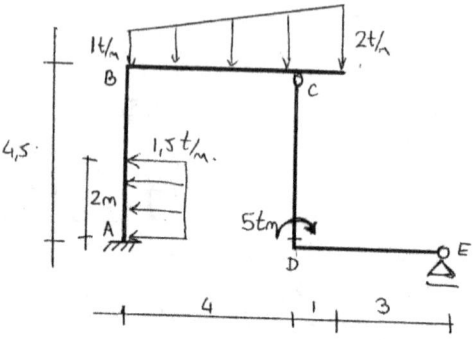

Problema 217.

Trazar los diagramas de M, N y Q.

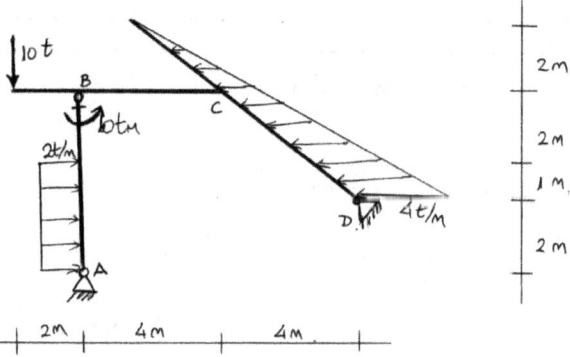

Problema 218.

Trazar los diagramas de M, N y Q.

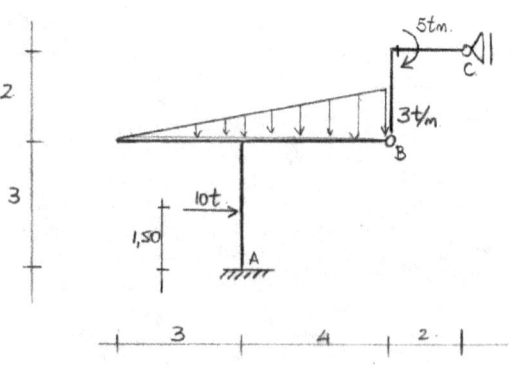

Problema 219.

Trazar los diagramas de M, N y Q.

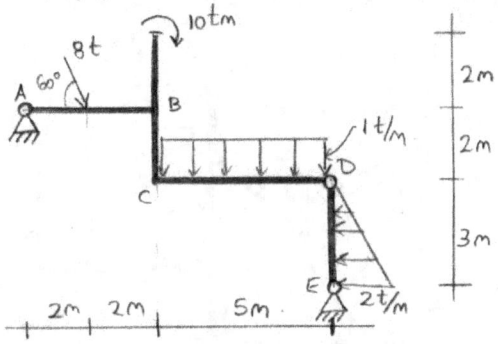

Problema 220.

Trazar los diagramas de M, N y Q.

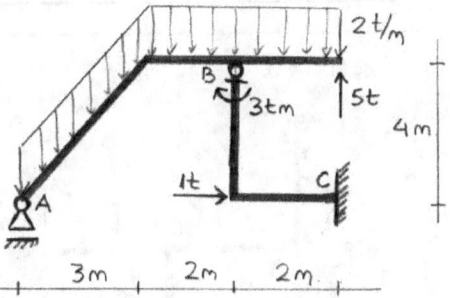

Problema 221.

Trazar los diagramas de M, N y Q.

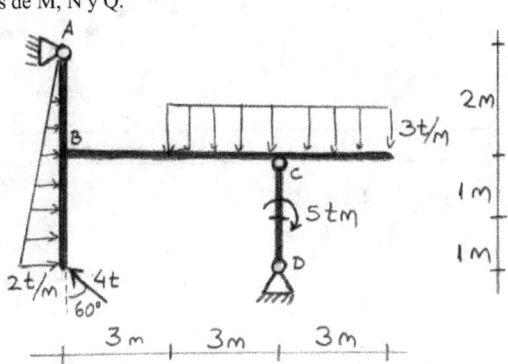

Problema 222.

Trazar los diagramas de M, N y Q.

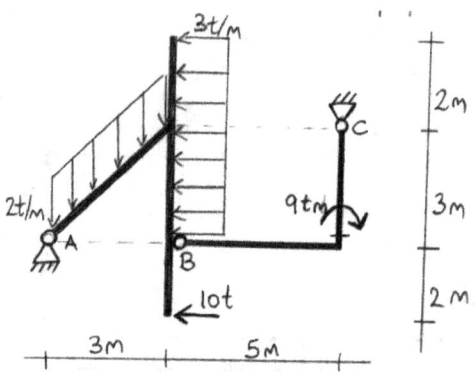

Problema 223.

Trazar los diagramas de M, N y Q.

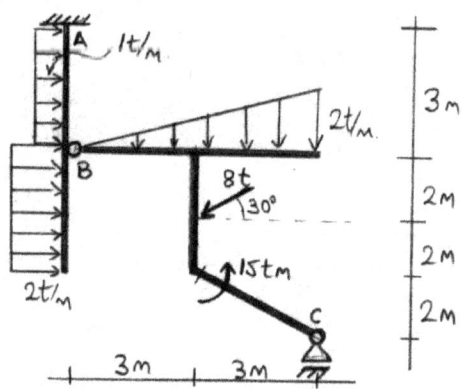

Problema 224.

Trazar los diagramas de M, N y Q.

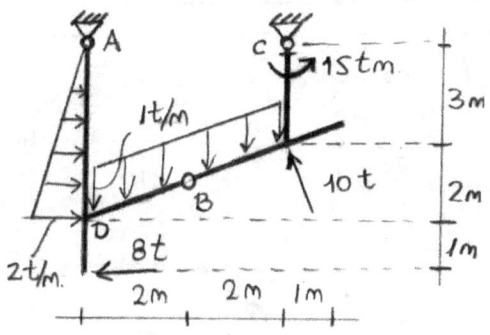

Problema 225.

Trazar los diagramas de M, N y Q.

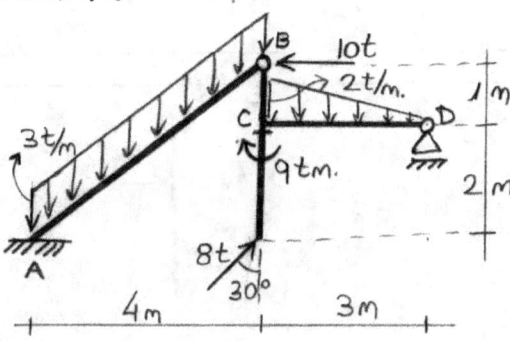

Problema 226.

Trazar los diagramas de M, N y Q.

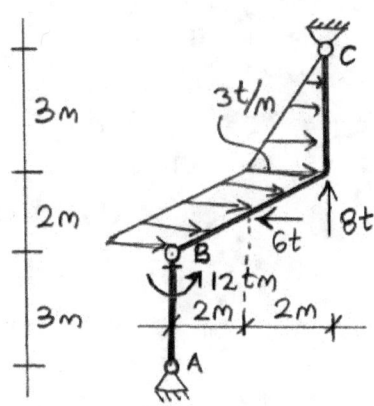

Problema 227.

Trazar los diagramas de M, N y Q.

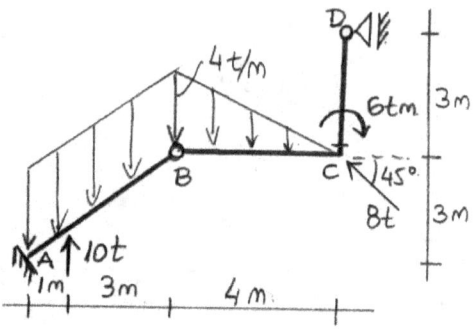

Problema 228.

Trazar los diagramas de M, N y Q.

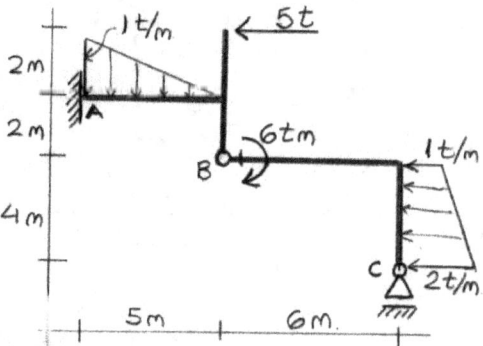

Problema 229.

Trazar los diagramas de M, N y Q. Verificar el equilibrio del nudo D.

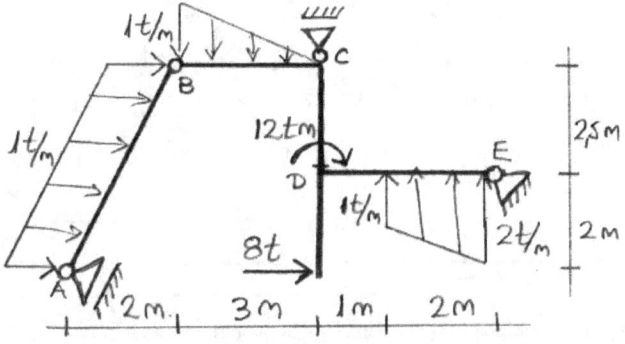

Problema 230.

Trazar los diagramas de M, N y Q. Verificar el equilibrio del nudo C.

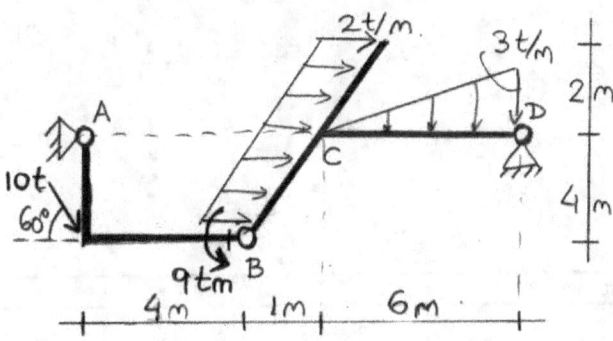

Problema 231.

Trazar los diagramas de M, N y Q.

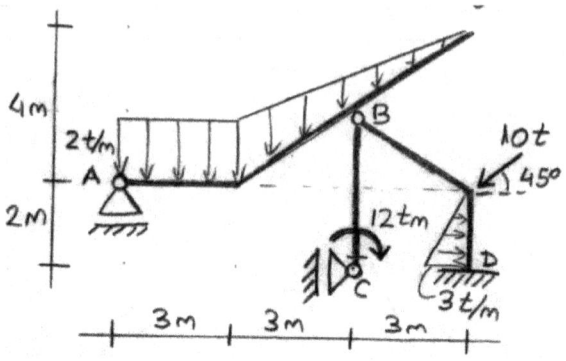

Problema 232.

Adecuar los vínculos de la estructura sin modificar su posición para que resulte isostática. Trazar los diagramas de M, N y Q.

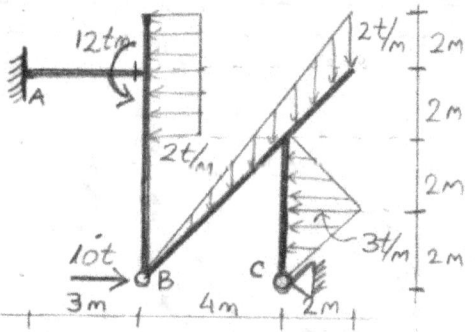

Problema 233.

Trazar los diagramas de M, N y Q.

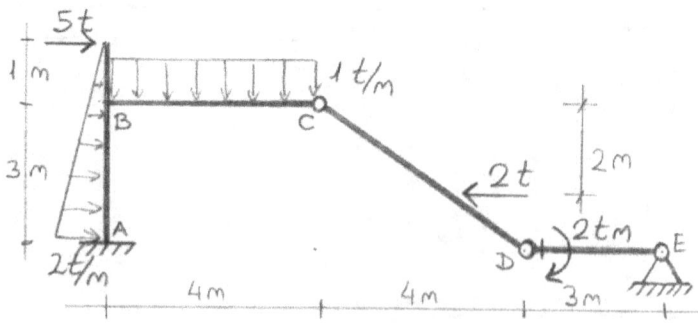

Problema 234.

Trazar los diagramas de M, N y Q.

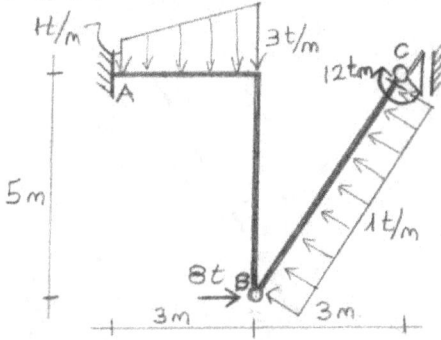

Problema 235.

Trazar los diagramas de M, N y Q. Verificar el equilibrio del nudo B.

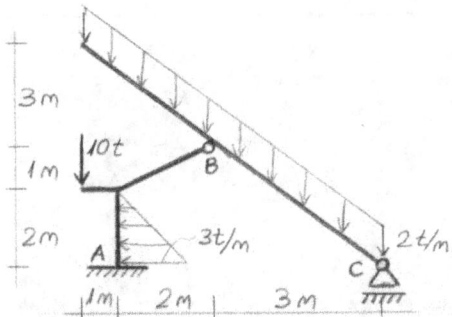

Problema 236.

Trazar los diagramas de M, N y Q.

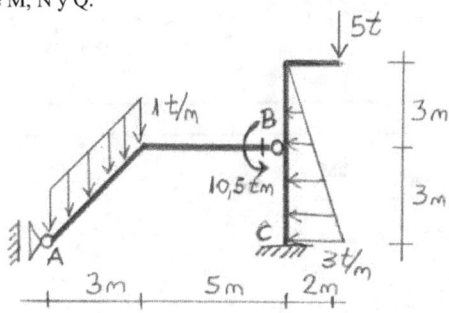

Problema 237.

Trazar los diagramas de M, N y Q. Verificar el equilibrio del nudo B.

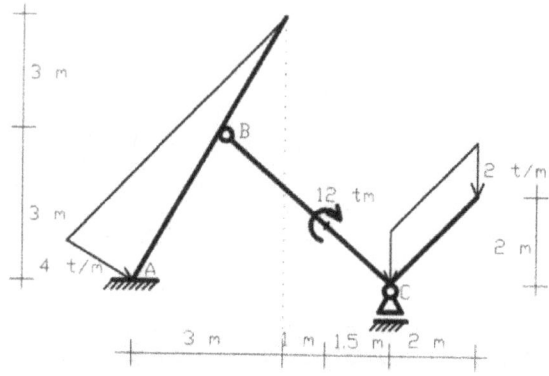

Problema 238.

Trazar los diagramas de M, N y Q.

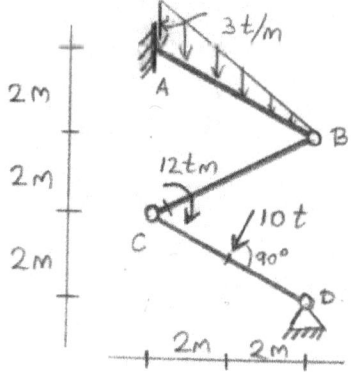

Problema 239.

Trazar los diagramas de M, N y Q.

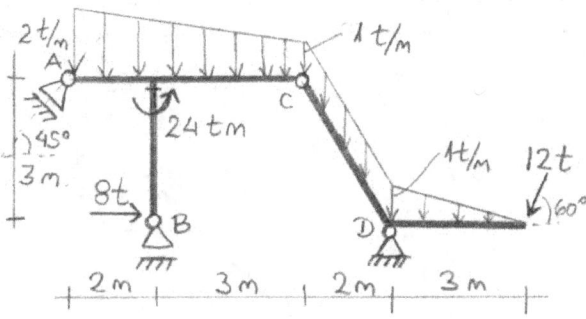

Problema 240.

Trazar los diagramas de M, N y Q.

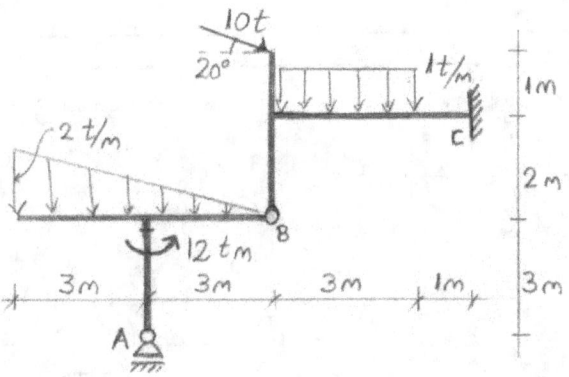

Problema 241.

Trazar los diagramas de M, N y Q en el miembro AG de la estructura.

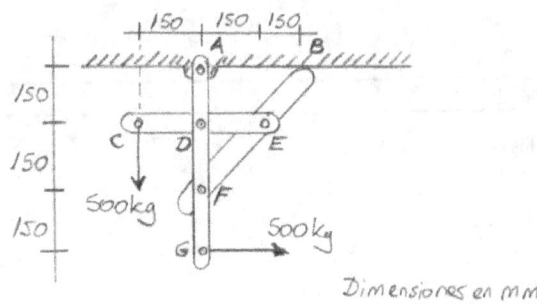

Dimensiones en mm

Problema 242.

Trazar los diagramas de M, N y Q.

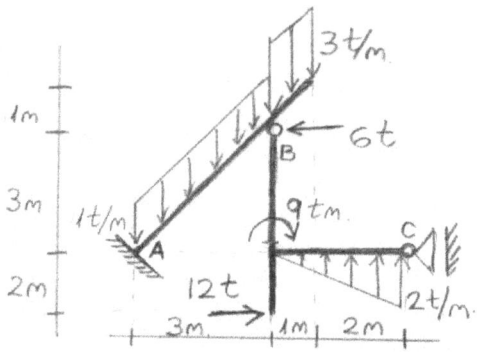

Problema 243.

Trazar los diagramas de M, N y Q. Verificar el equilibrio del nudo "C".

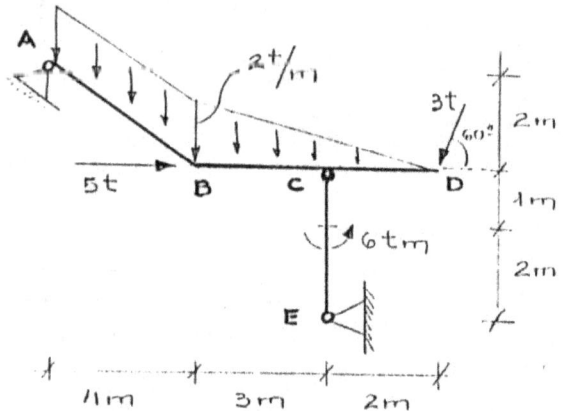

Problema 244.

Trazar los diagramas de M, N y Q.

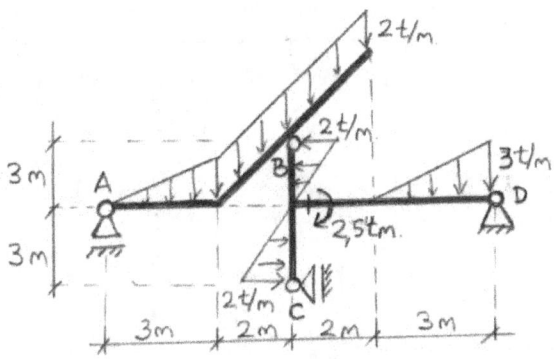

Problema 245.

Suponiendo que no hay rozamiento en F, trazar los diagramas de M, N y Q del miembro ABD.

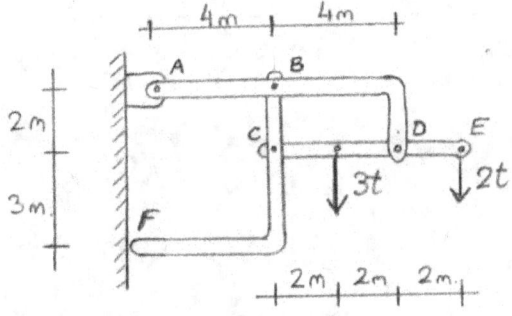

Problema 246.

Encontrar el valor de P que garantice el equilibrio de la estructura. Luego graficar M, N y Q.

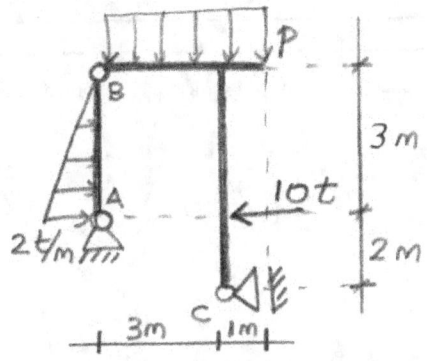

Problema 247.

Encontrar el valor de P que garantice el equilibrio de la estructura. Luego graficar M, N y Q.

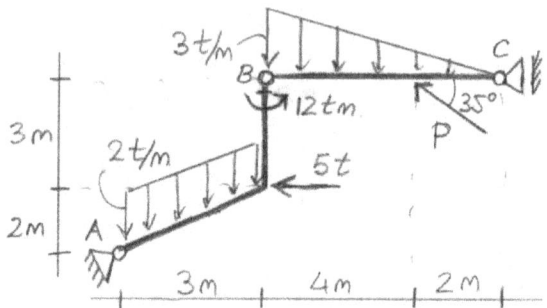

Problema 248.

Trazar los diagramas de M, N y Q. Verificar el equilibrio del nudo "C".

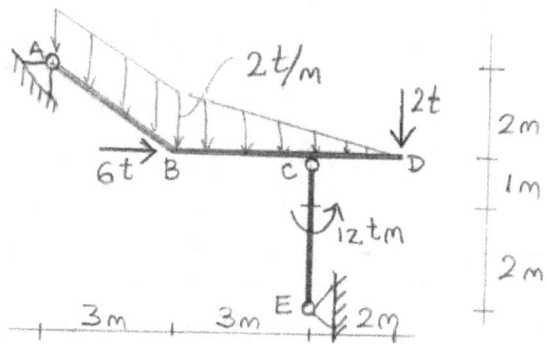

Problema 249.

Trazar los diagramas de M, N y Q. Verificar el equilibrio del nudo B.

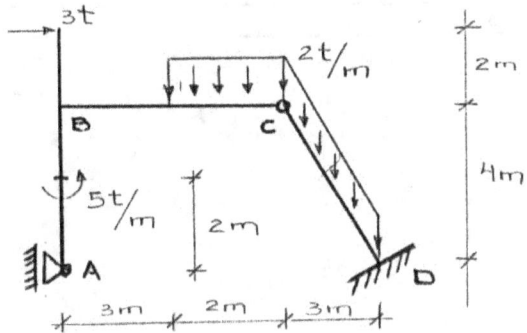

Problema 250.

Trazar los diagramas de M, N y Q, sin valores.

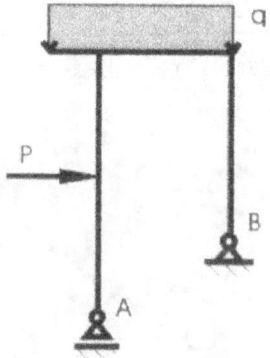

Problema 251.

Trazar los diagramas de M, N y Q, sin valores.

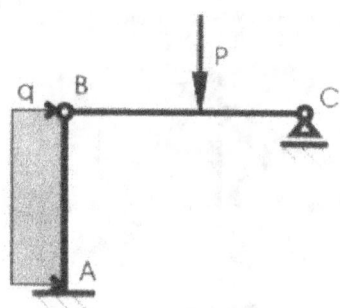

Problema 252.

Trazar los diagramas de M, N y Q, sin valores.

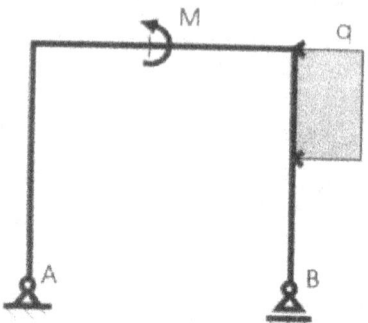

Problema 253.

Trazar los diagramas de M, N y Q, sin valores.

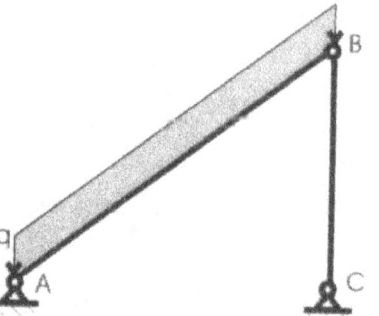

Problema 254.

Trazar los diagramas de M, N y Q, sin valores.

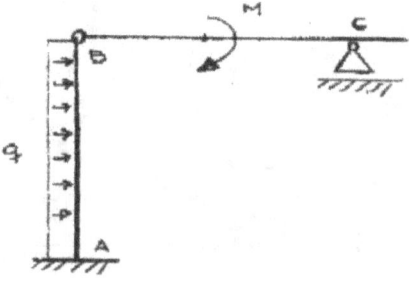

Problema 255.

Trazar los diagramas de M, N y Q, sin valores.

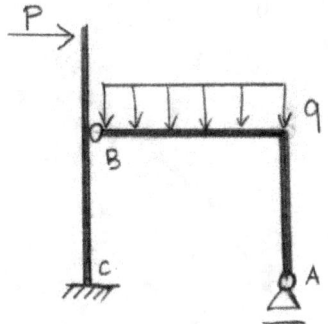

Problema 256.

Trazar los diagramas de M, N y Q, sin valores.

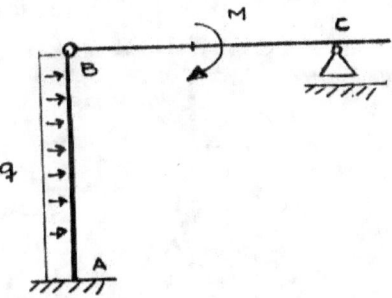

Problema 257.

Trazar los diagramas de M, N y Q, sin valores.

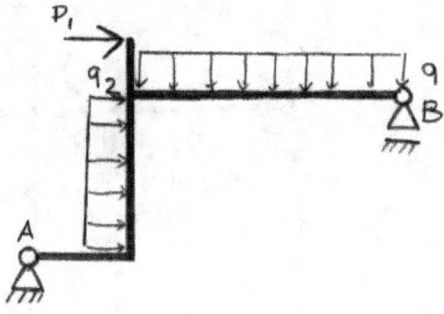

Problema 258.

Trazar los diagramas de M, N y Q, sin valores.

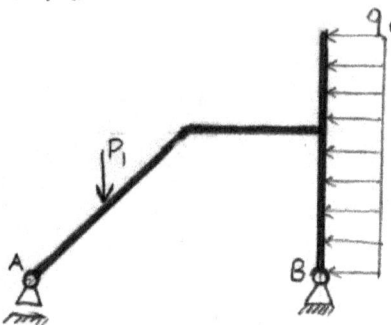

Problema 259.

Trazar los diagramas de M, N y Q, sin valores.

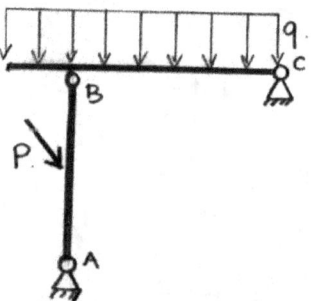

Problema 260.

Trazar los diagramas de M, N y Q, sin valores.

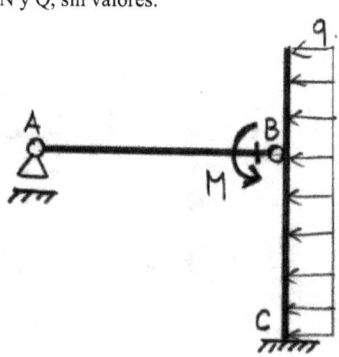

Problema 261.

Trazar los diagramas de M, N y Q, sin valores.

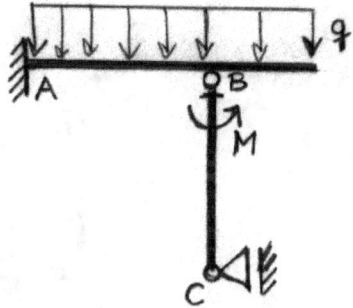

Problema 262.

Trazar los diagramas de M, N y Q, sin valores.

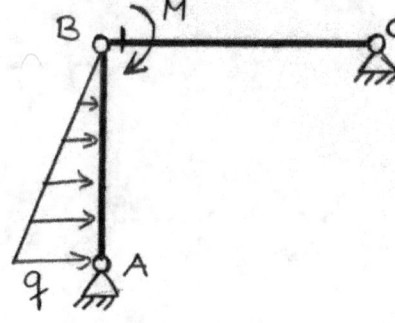

Problema 263.

Trazar los diagramas de M, N y Q, sin valores.

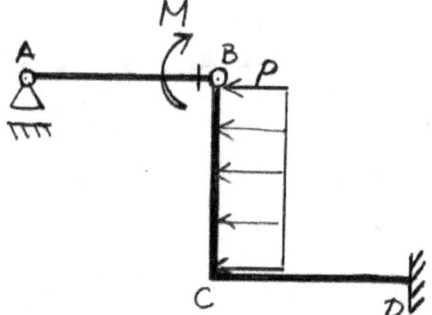

Problema 264.

Trazar los diagramas de M, N y Q, sin valores.

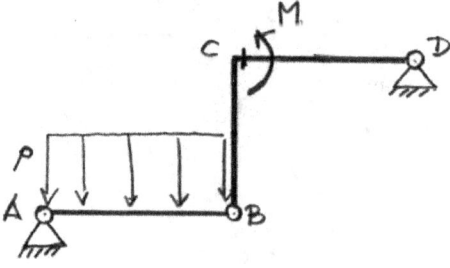

Sistemas de Alma Llena Espaciales

Problema 265.

Trazar los diagramas de Mx, My, Qx, Qy, N y Mt.

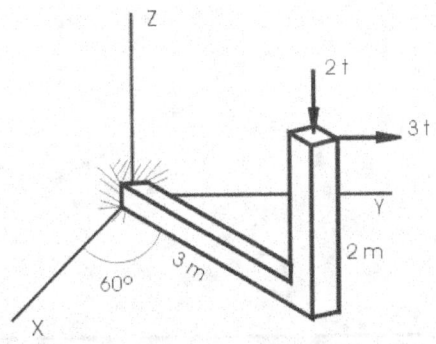

Problema 266.

Trazar los diagramas de Mx, My, Qx, Qy, N y Mt.

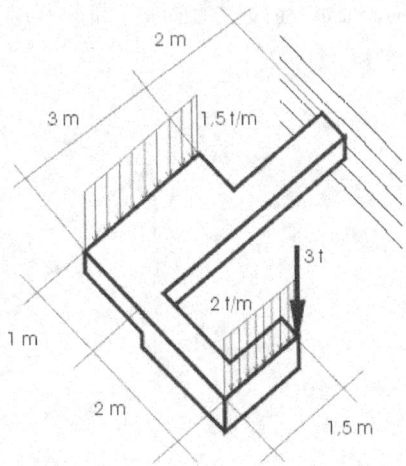

Problema 267.

Trazar los diagramas de Mx, My, Qx, Qy, N y Mt.

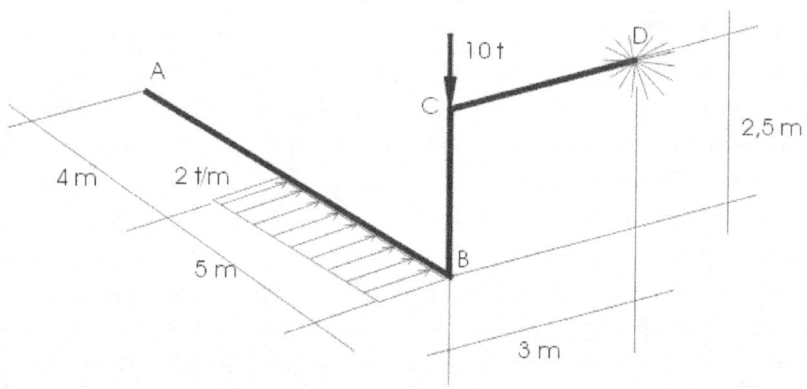

Problema 268.

El cartel de la figura, de 2,00 x 1,00 m, pesa 50 kg. La estructura que lo mantiene es de acero, con la sección indicada. Se supone que actúa el viento en la dirección de la calle, con una presión horizontal y constante de 150 kg/m². Determinar los esfuerzos internos en la estructura.

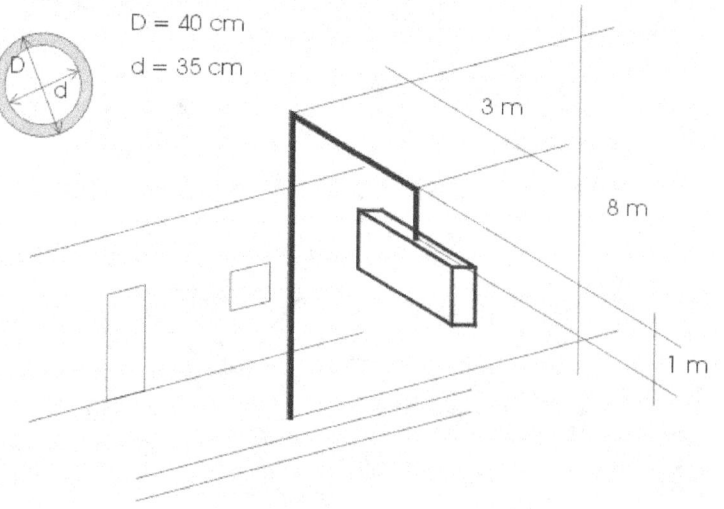

Problema 269.

Trazar los diagramas de esfuerzos interiores en la estructura de la figura

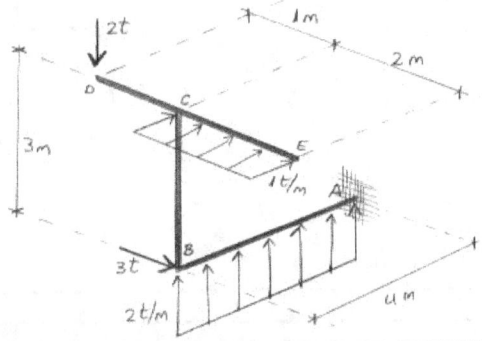

Problema 270.

Trazar los diagramas de esfuerzos interiores en la estructura de la figura

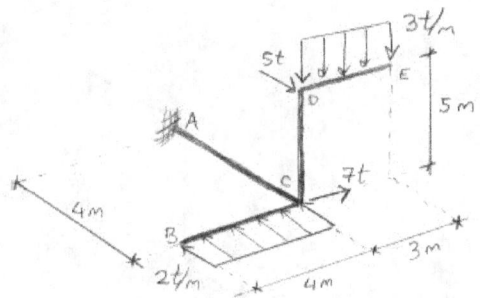

Problema 271.

Trazar los diagramas de esfuerzos interiores en la estructura de la figura

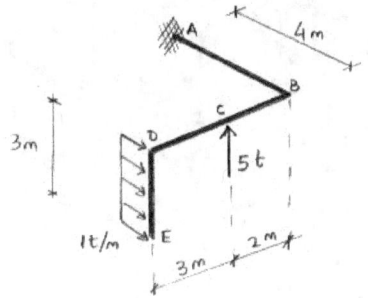

Problema 272.

Trazar los diagramas de esfuerzos interiores en la estructura de la figura

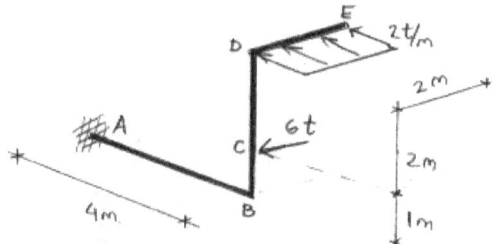

Problema 273.

Trazar los diagramas de esfuerzos interiores en la estructura de la figura

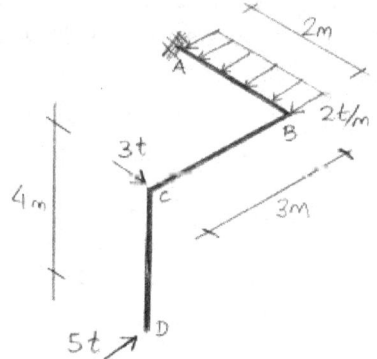

Problema 274.

Trazar los diagramas de esfuerzos interiores en la estructura de la figura

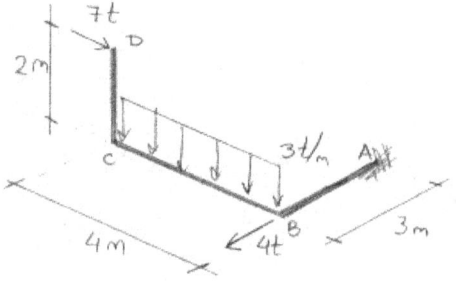

Problema 275.

Trazar los diagramas de esfuerzos interiores en la estructura de la figura

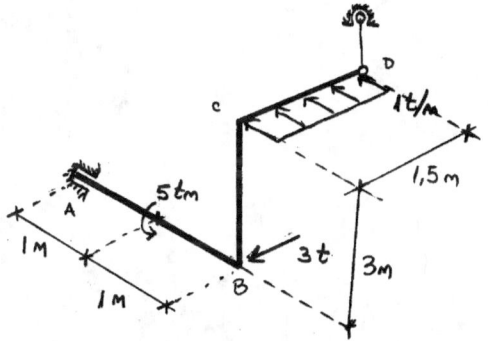

Problema 276.

Trazar los diagramas de esfuerzos interiores en la estructura de la figura

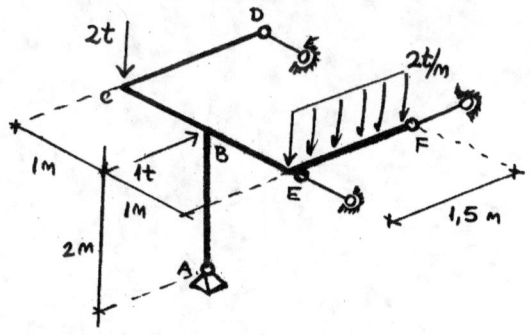

Problema 277.

Trazar los diagramas de esfuerzos interiores en la estructura de la figura

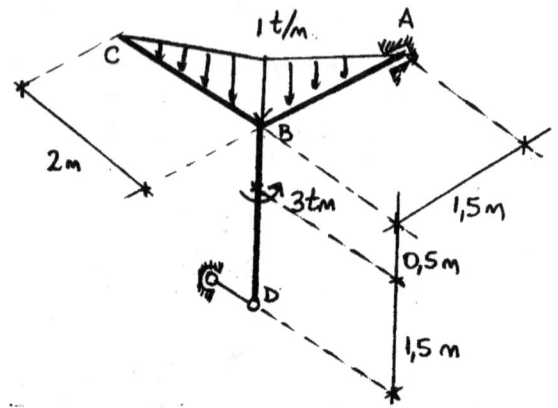

Esfuerzos interiores en
Sistemas de Alma Llena: Arcos

Arcos circulares

Problema 278.

Trazar los diagramas de M, N y Q.

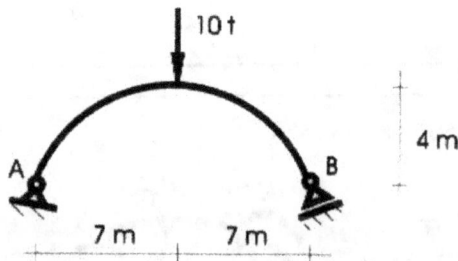

Problema 279.

Trazar los diagramas de M, N y Q.

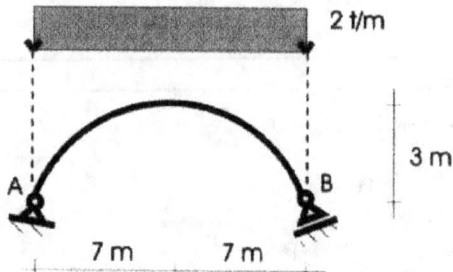

Problema 280.

Trazar los diagramas de M, N y Q.

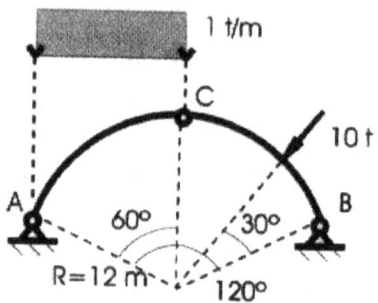

Problema 281.

Trazar los diagramas de M, N y Q.

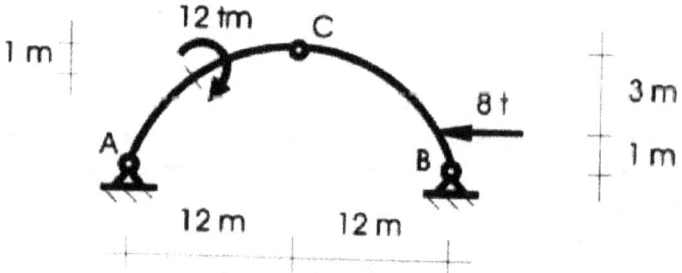

Problema 282.

Trazar los diagramas de M, N y Q.

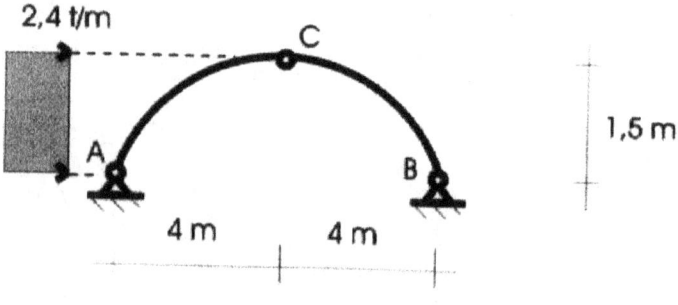

Problema 283.

Trazar los diagramas de M, N y Q.

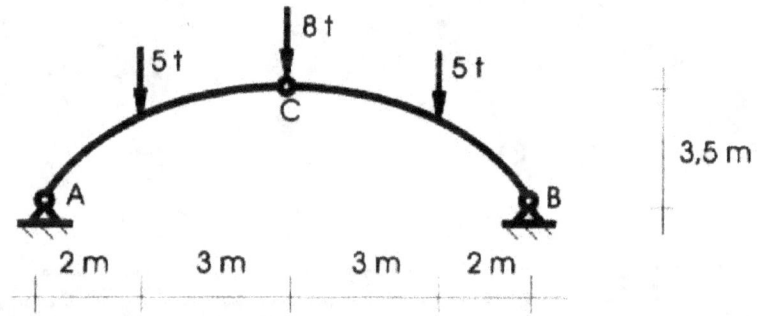

Problema 284.

Determinar en la sección indicada (n-n) los valores de M, N y Q.

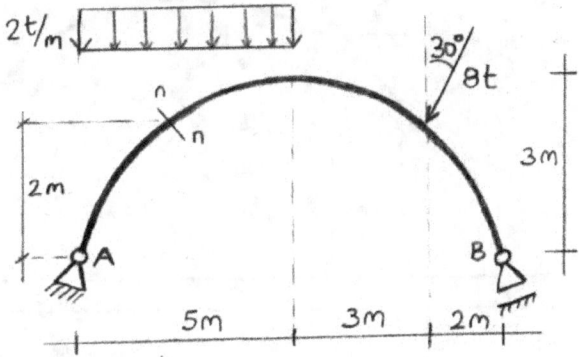

Problema 285.

Determinar en la sección indicada (n-n) los valores de M, N y Q.

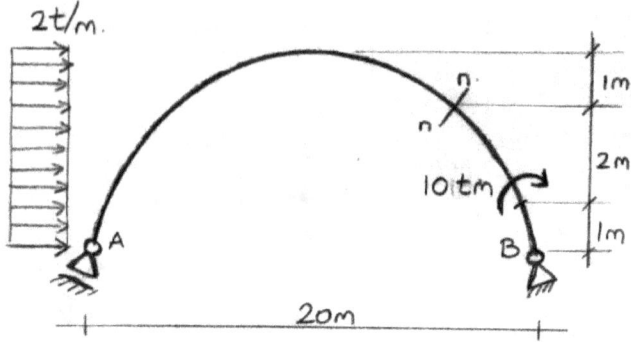

Problema 286.

Determinar en la sección indicada (n-n) los valores de M, N y Q.

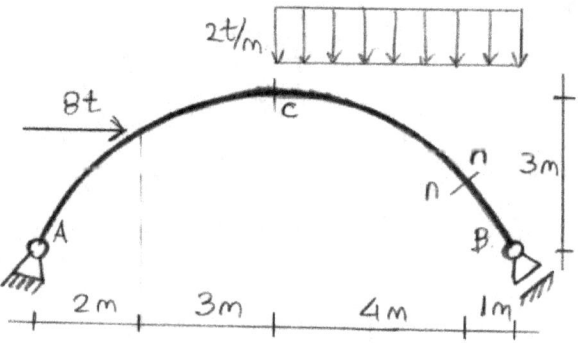

Problema 287.

Determinar en la sección indicada (n-n) los valores de M, N y Q.

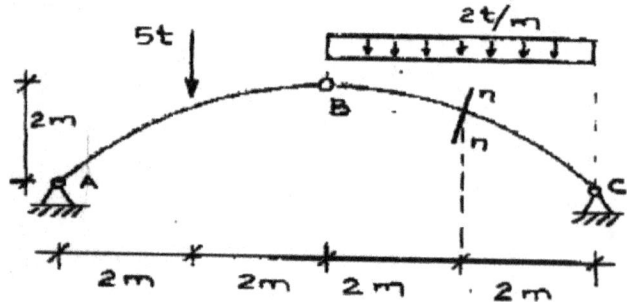

Problema 288.

Determinar en la sección indicada (n-n) los valores de M, N y Q.

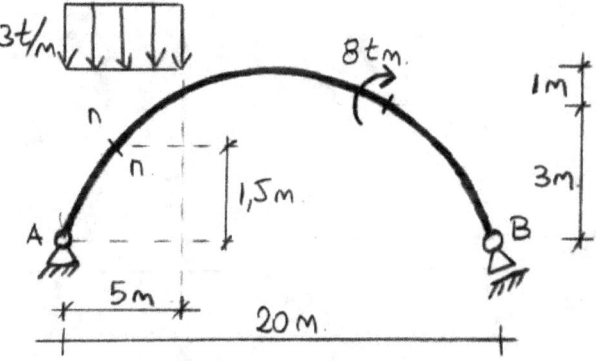

Problema 289.

Determinar en la sección indicada (n-n) los valores de M, N y Q.

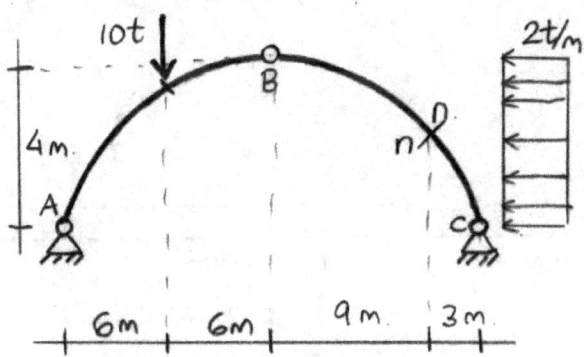

Problema 290.

Determinar en la sección indicada (n-n) los valores de M, N y Q.

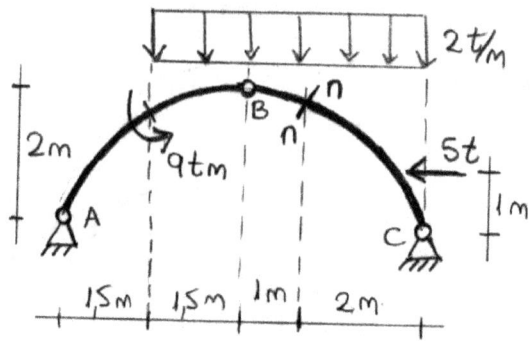

Problema 291.

Determinar en la sección indicada (n-n) los valores de M, N y Q.

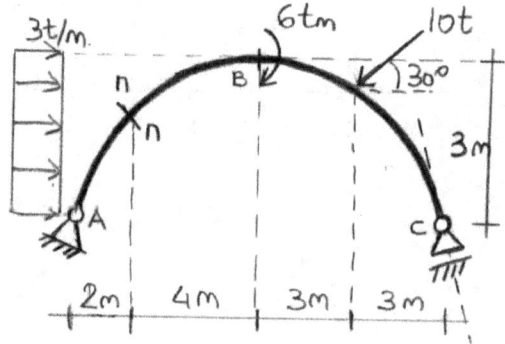

Problema 292.

Determinar en la sección indicada (n-n) los valores de M, N y Q.

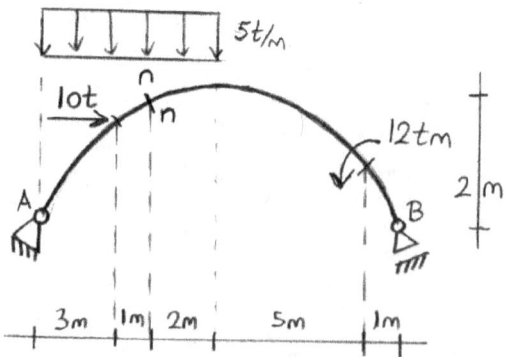

Problema 293.

Determinar en la sección indicada (n-n) los valores de M, N y Q.

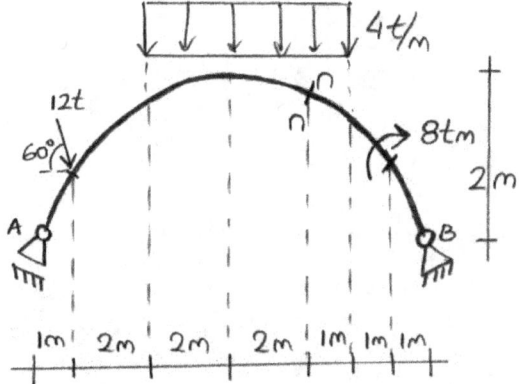

Arcos parabólicos

Problema 294.

Trazar los diagramas de M, N y Q.

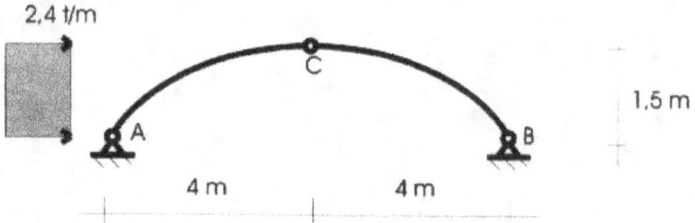

Problema 295.

Trazar los diagramas de M, N y Q.

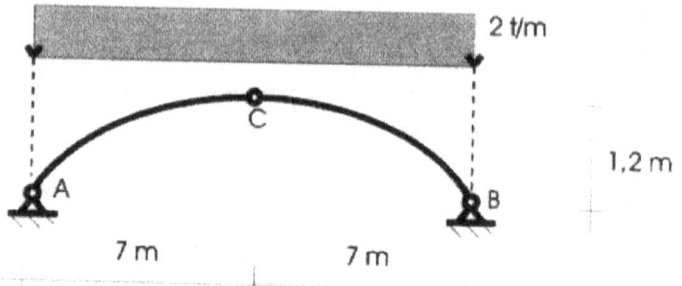

Cables Flexibles

Problema 296.

Determinar las reacciones en A y F, los esfuerzos en cada tramo del cable y la posición final del sistema.

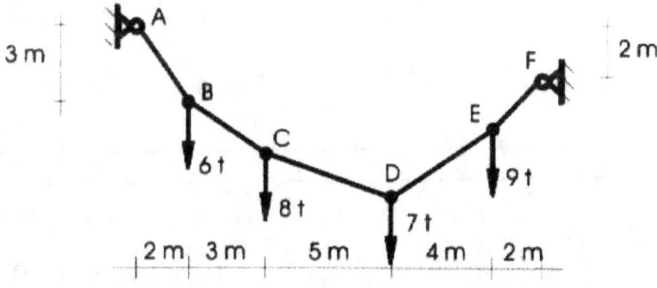

Problema 297.

Determinar las reacciones en A y E, los esfuerzos en cada tramo del cable y la posición final del sistema.

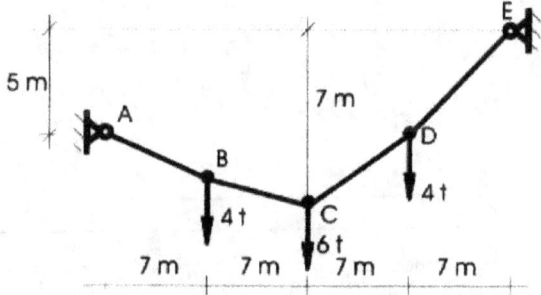

Problema 298.

Si W = 800 kg, y la componente horizontal de la reacción en A y F está limitada a 2500 kg, determinar al flecha máxima f del sistema.

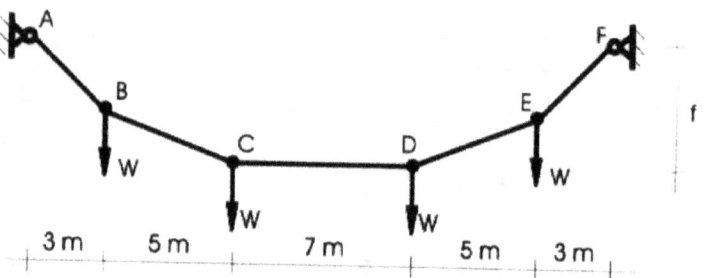

Problema 299.

Despreciando el peso propio del tablón, determinar: a) la distancia "a", y b) la tensión máxima en el cable ABCD.

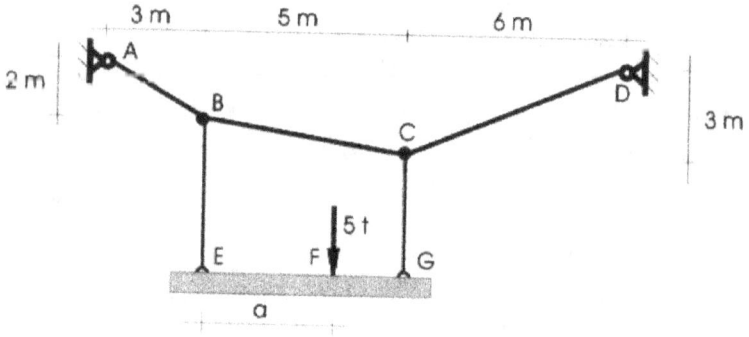

Problema 300.

Siendo la longitud del tensor "a" de 1 m, determinar la posición final del sistema y la tensión en todos los tramos del cable ABCDEF.

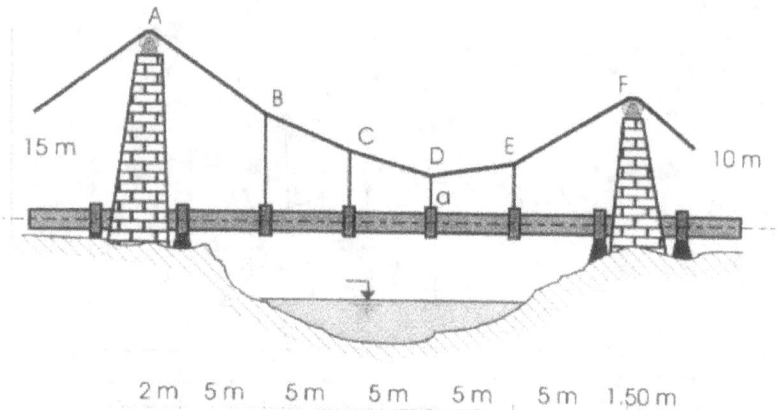

Diámetro interior del acueducto d : 500 mm
Diámetro exterior del acueducto D : 520 mm
Material PRFV . Peso específico : 1,5 t/m3
Acueducto destinado a agua potable

Problema 301.

Determinar los esfuerzos en cada tramo y la posición final del sistema.

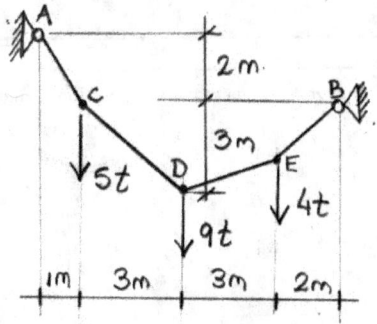

Problema 302.

Determinar los esfuerzos en cada tramo y la posición final del sistema.

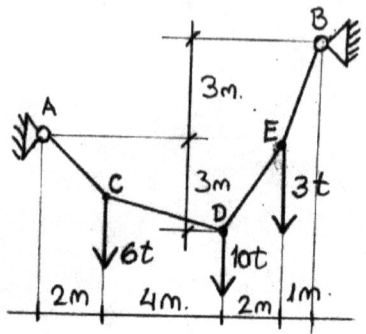

Problema 303.

Determinar los esfuerzos en cada tramo y la posición final del sistema.

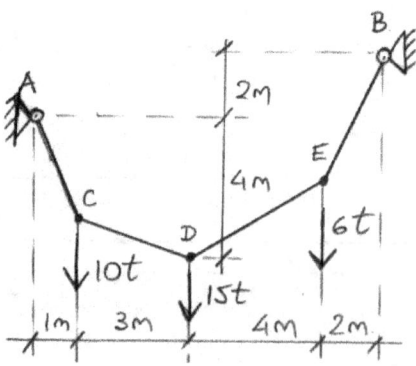

Problema 304.

Determinar los esfuerzos en cada tramo y la posición final del sistema.

Problema 305.

Determinar los esfuerzos en cada tramo y la posición final del sistema.

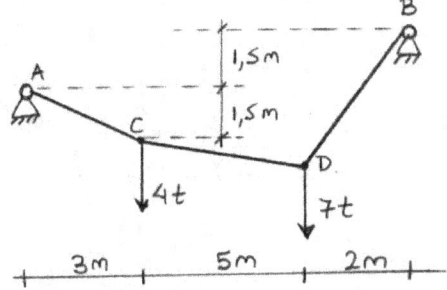

Problema 306.

Determinar los esfuerzos en cada tramo y la posición final del sistema.

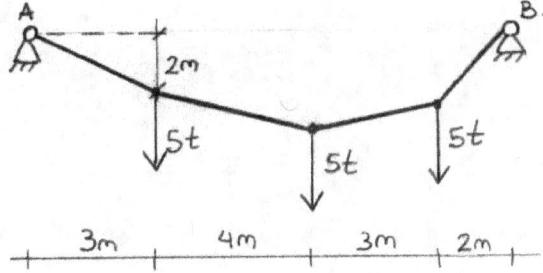

Problema 307.

Calcular los esfuerzos en las barras.

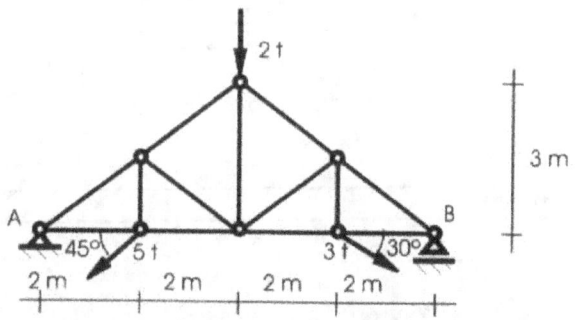

Problema 308.

Calcular los esfuerzos en las barras.

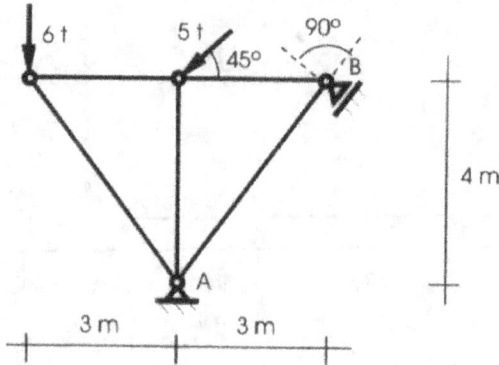

Problema 309.

Calcular los esfuerzos en las barras, en la sección indicada, por los métodos de Culmann y Ritter.

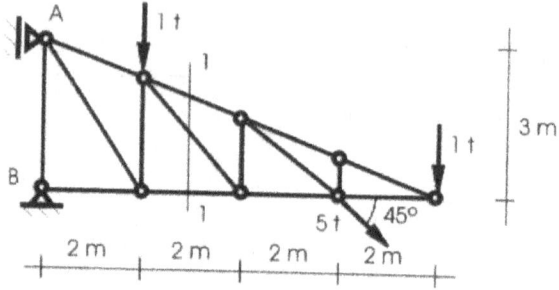

Problema 310.

Calcular los esfuerzos en las barras.

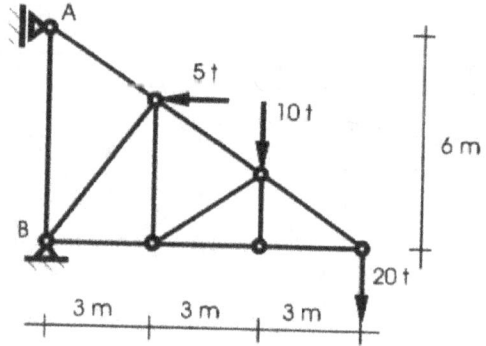

Problema 311.

Calcular los esfuerzos en las barras, en la sección indicada, por los métodos de Culmann y Ritter.

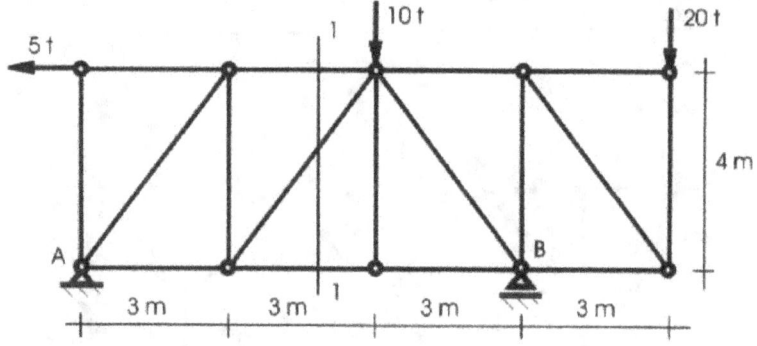

Problema 312.

Calcular los esfuerzos en las barras.

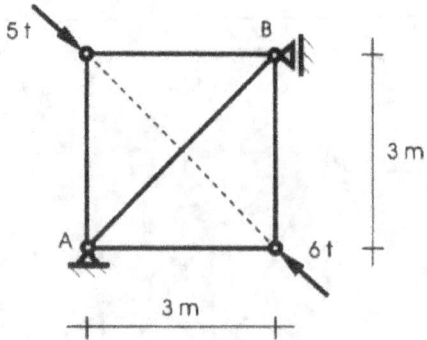

Problema 313.

Calcular los esfuerzos en las barras.

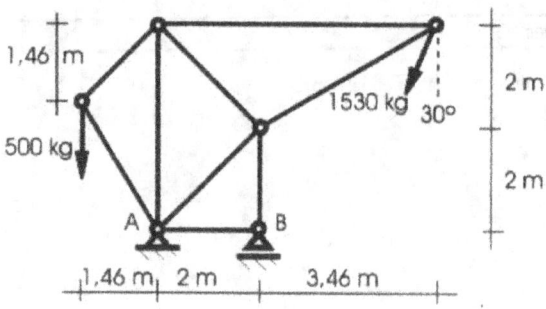

Problema 314.

Calcular los esfuerzos en las barras.

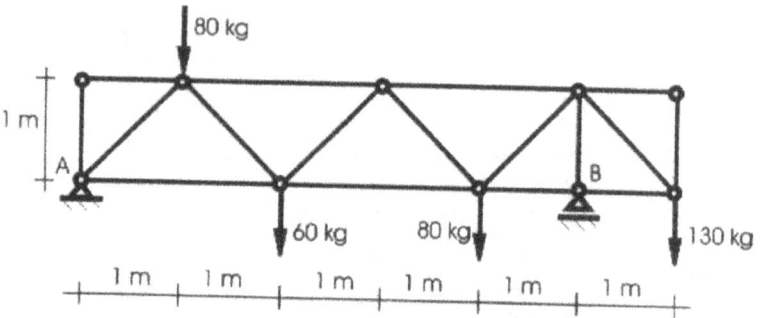

Problema 315.

Calcular los esfuerzos en las barras, en la sección indicada, por los métodos de Culmann y Ritter.

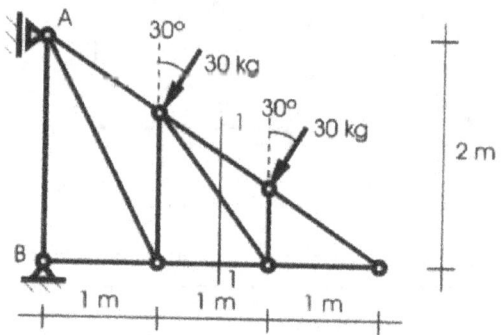

Problema 316.

Calcular los esfuerzos en las barras.

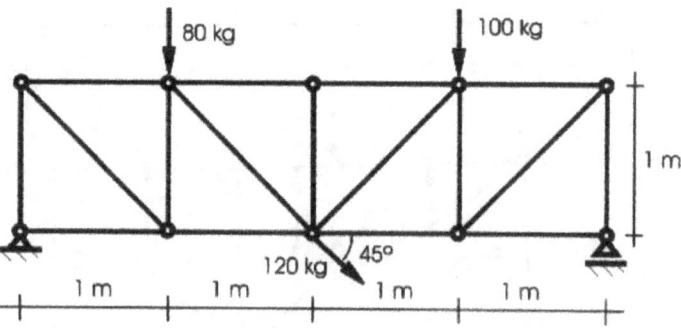

Problema 317.

Calcular los esfuerzos en las barras, en la sección indicada, por los métodos de Culmann y Ritter.

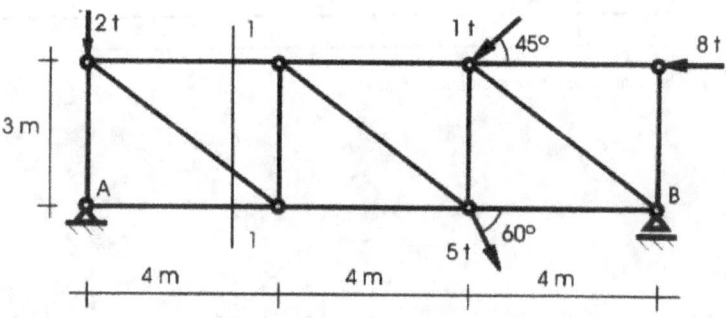

Problema 318.

Calcular los esfuerzos en las barras.

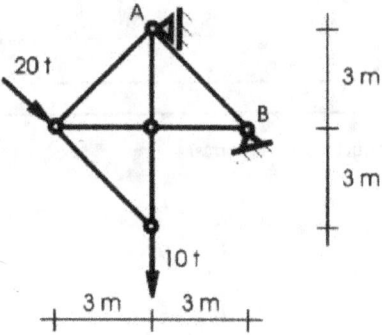

Problema 319.

Calcular los esfuerzos en las barras.

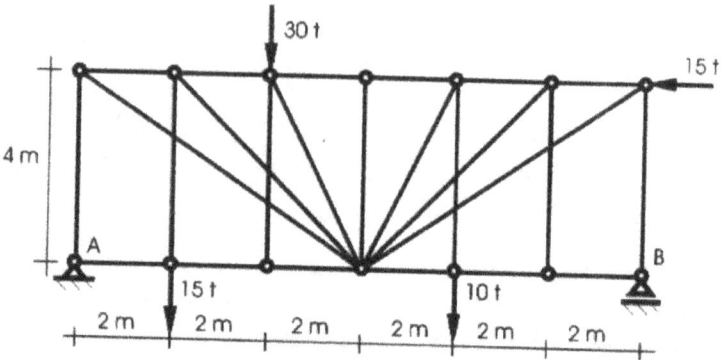

Problema 320.

Calcular los esfuerzos en las barras.

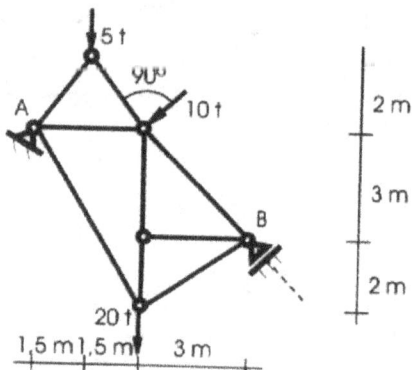

Problema 321.

Calcular los esfuerzos en las barras.

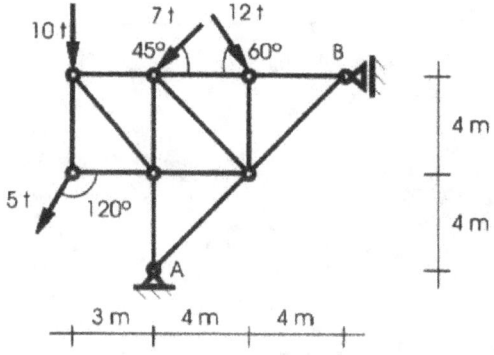

Problema 322.

Calcular los esfuerzos en las barras.

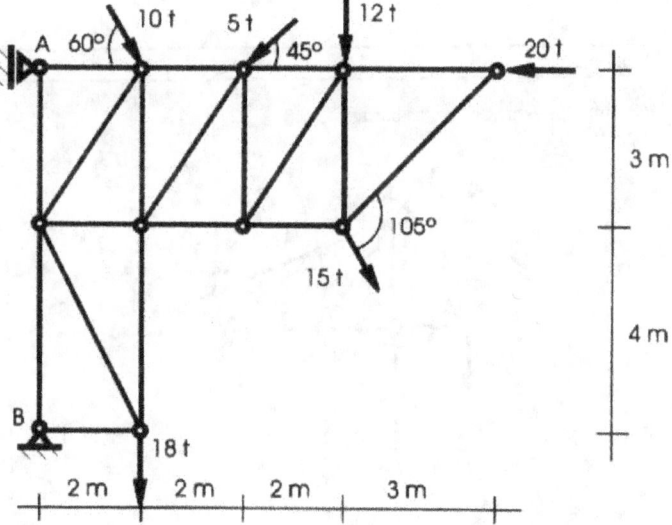

Problema 323.

Calcular los esfuerzos en las barras.

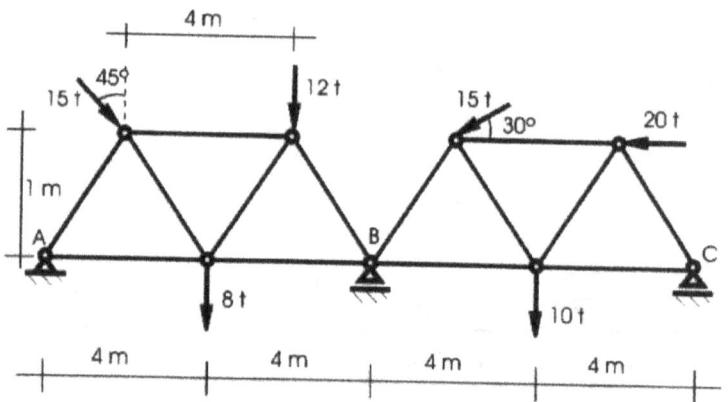

Problema 324.

Calcular los esfuerzos en las barras.

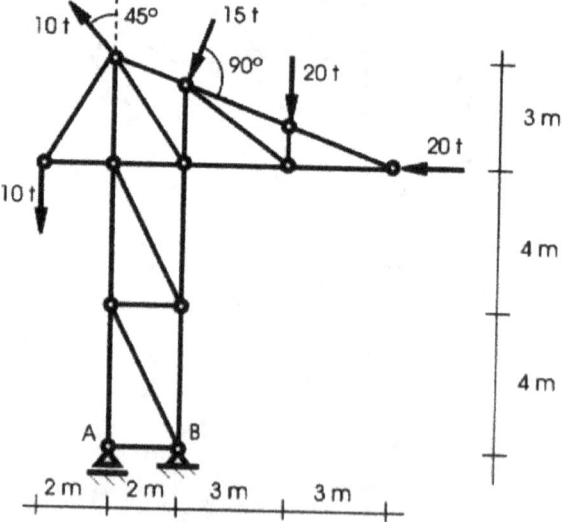

Problema 325.

Calcular los esfuerzos en las barras.

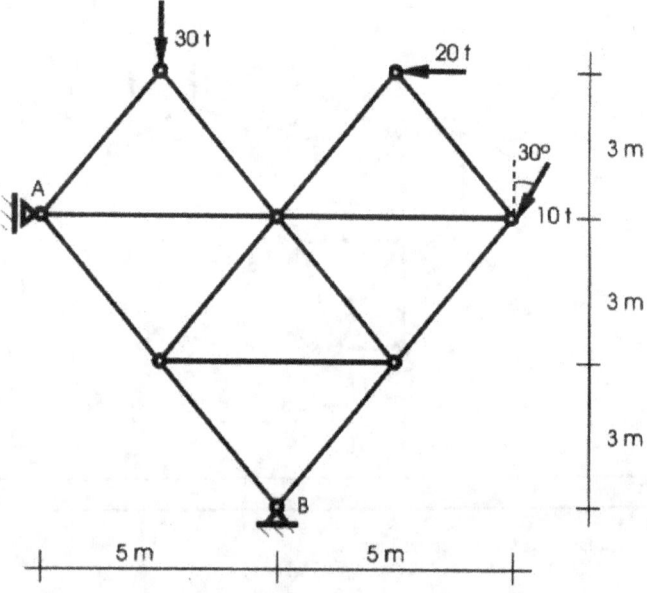

Problema 326.

Determinar los esfuerzos en las barras AB, DE, CD y GE.

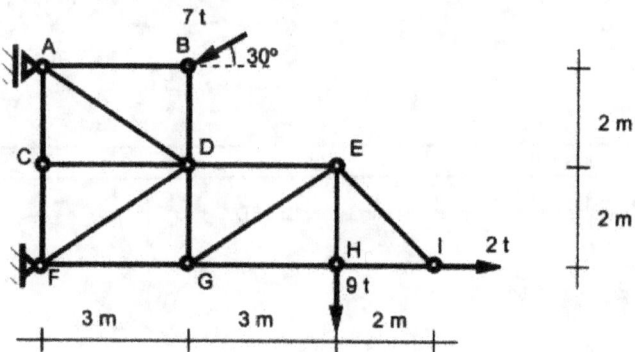

Problema 327.

Determinar los esfuerzos en las barras HE, HF, IJ e IF.

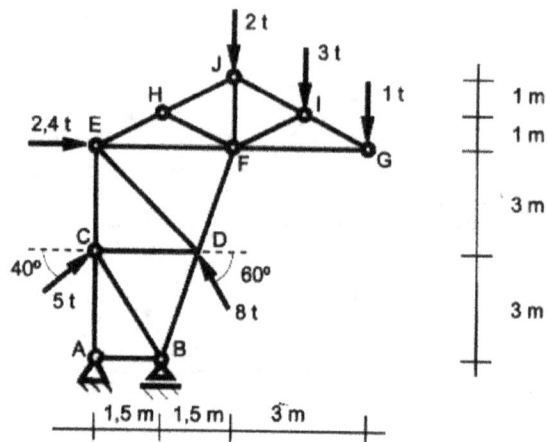

Problema 328.

Calcular los esfuerzos en las barras.

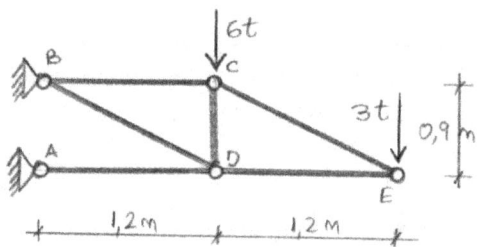

Problema 329.

Calcular los esfuerzos en las barras EK, IJ y JD.

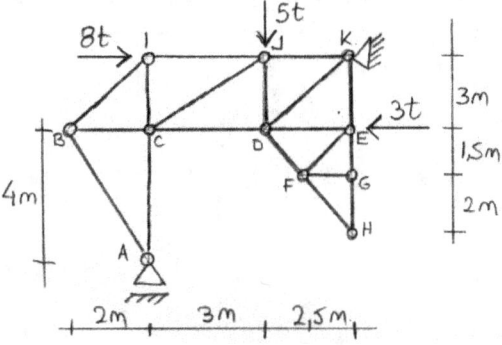

Problema 330.

Calcular los esfuerzos en las barras.

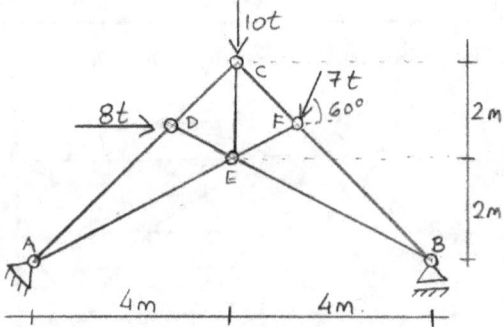

Problema 331.

Calcular los esfuerzos en las barras 7-10, 11-12, 9-10 y 12-13.

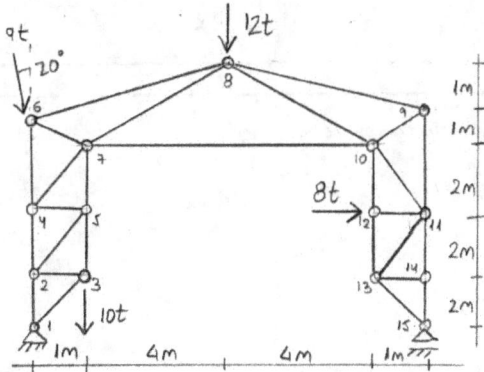

Problema 332.

Calcular los esfuerzos en las barras.

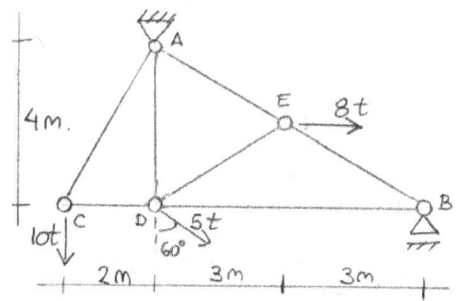

Problema 333.

Calcular los esfuerzos en las barras 3-4, 10-8, 2-6 y 9-7.

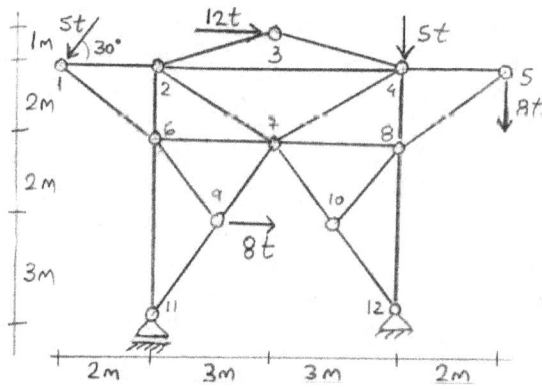

Problema 334.

Calcular los esfuerzos en las barras.

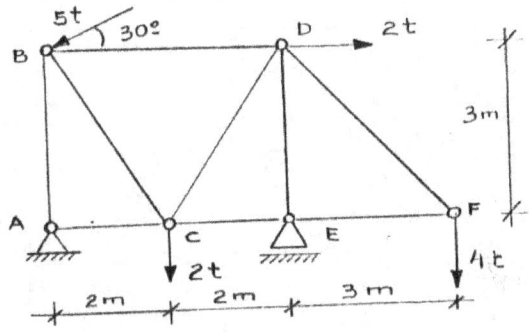

Problema 335.

Calcular los esfuerzos en las barras 9-11, 8-10, 5-6 y 10-13.

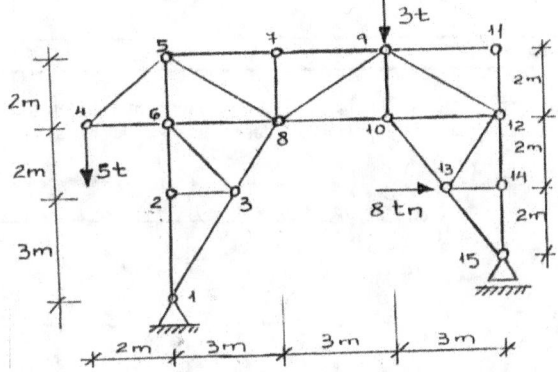

Problema 336.

Calcular los esfuerzos en las barras ED, BC, FH y GI.

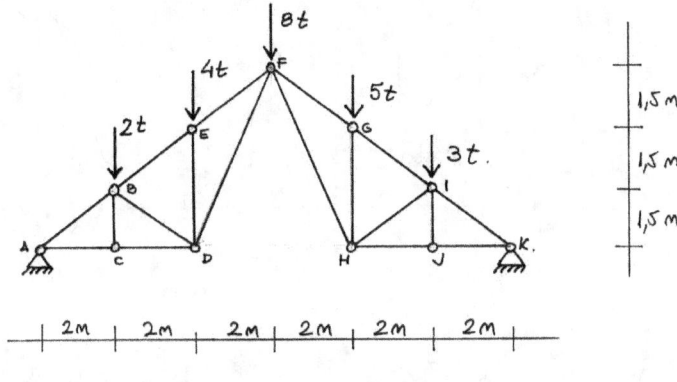

147 - Universitas

Problema 337.

Calcular los esfuerzos en las barras AB, DE y EG.

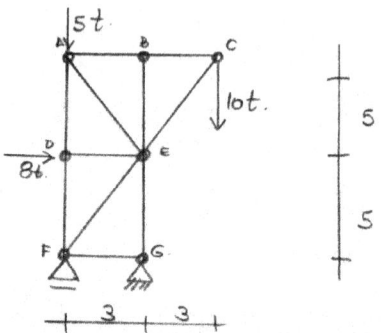

Problema 338.

Determinar el valor de la fuerza P que mantiene en equilibrio la estructura. En esta situación determinar las reacciones de vínculo y los esfuerzos en las barras 1-2, 6-7 y 9-11.

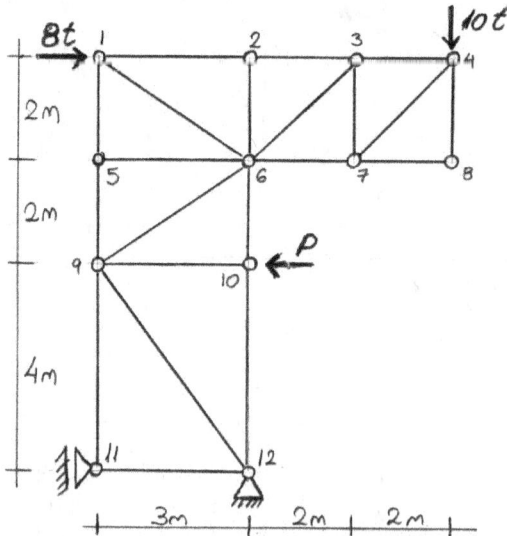

Problema 339.

Calcular los esfuerzos en las barras 11-16, 6-7 y 2-5.

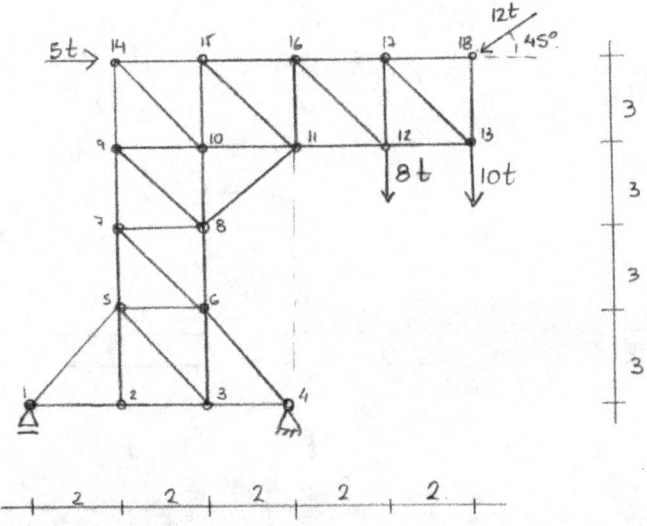

Problema 340.

Calcular los esfuerzos en las barras EF, FG, GI, CE y CA.

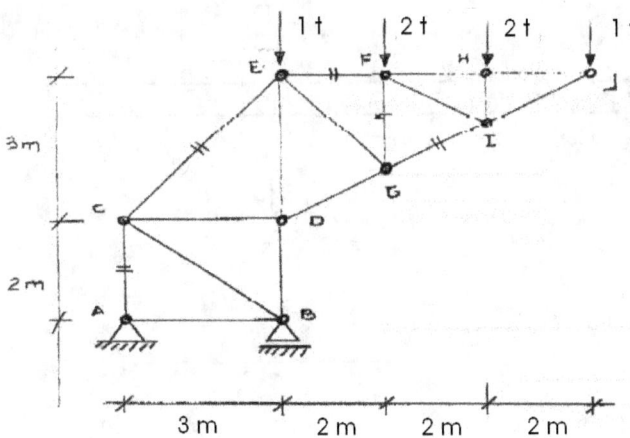

Problema 341.

Calcular los esfuerzos en las barras.

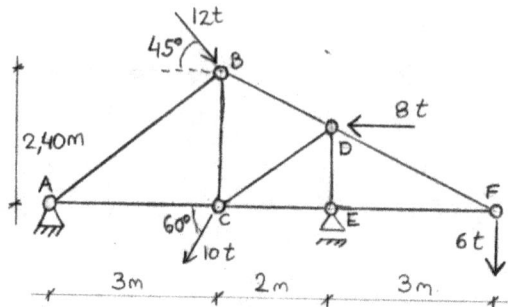

Problema 342.

Calcular los esfuerzos en las barras.

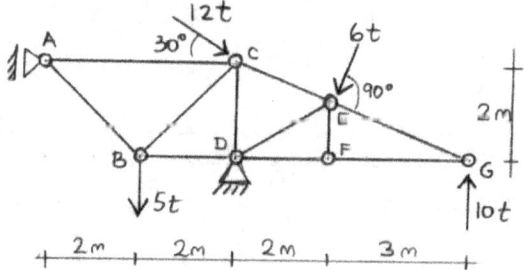

Problema 343.

Calcular los esfuerzos en las barras AG, AC y EF.

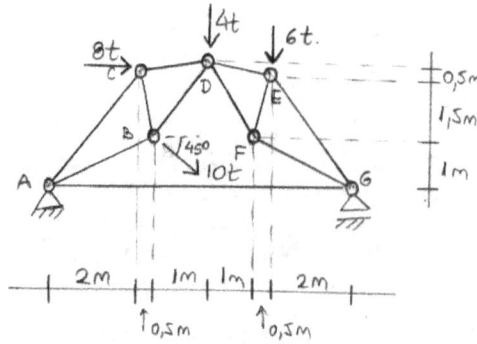

Problema 344.

Calcular los esfuerzos en las barras.

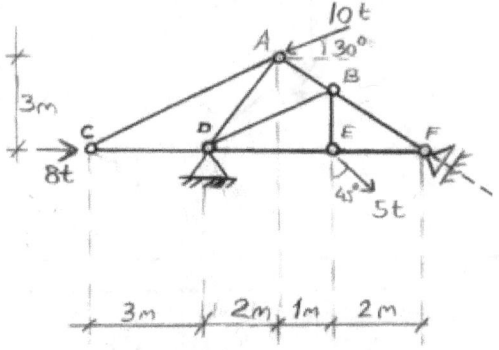

Problema 345.

Calcular los esfuerzos en las barras DH, BE, CF y AE.

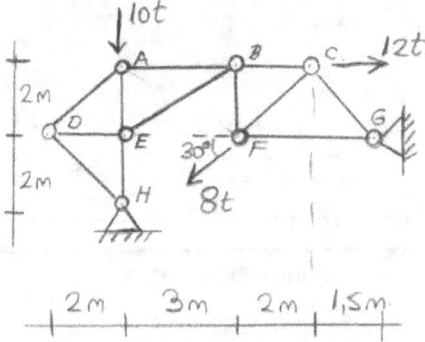

Problema 346.

Calcular los esfuerzos en las barras.

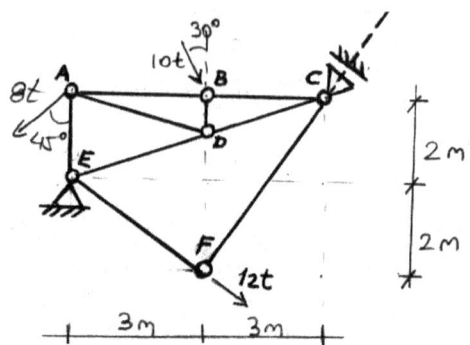

Problema 347.

Calcular los esfuerzos en las barras BC, FG, FH e IK.

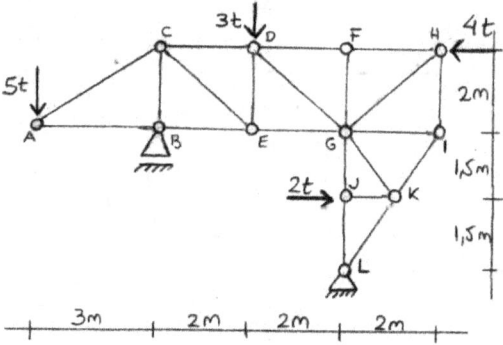

Problema 348.

Calcular los esfuerzos en las barras EI, FK, CD y CG.

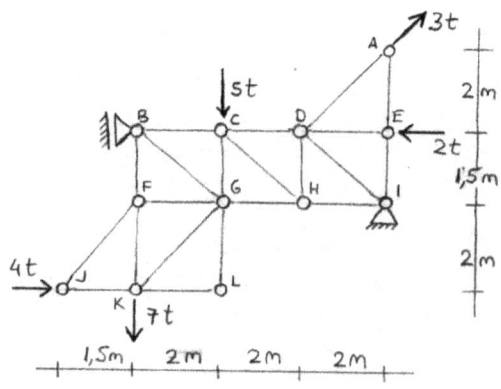

Problema 349.

La grúa ABCD puede desplazarse libremente en la dirección horizontal. Determinar el esfuerzo de la barra 3-5 del puente cuando la rueda "A" está en: a) 1; b) 3; c) 5.

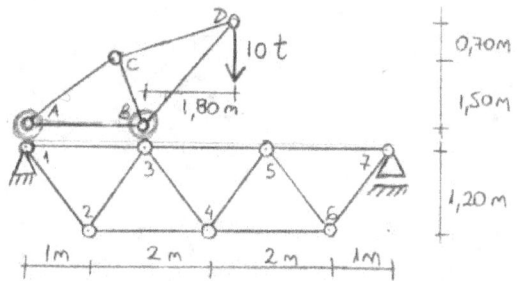

Problema 350.

Determinar los esfuerzos en las barras 2-4, 4-7, 8-10 y 10-13.

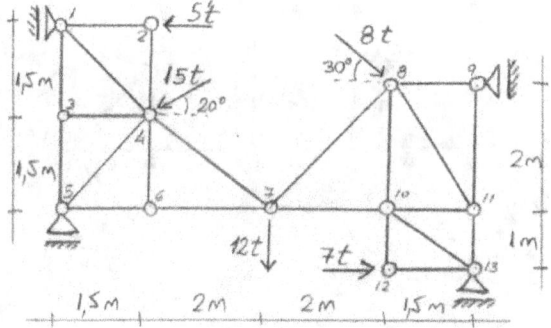

Problema 351.

Determinar el esfuerzo en las barra AF de la estructura.

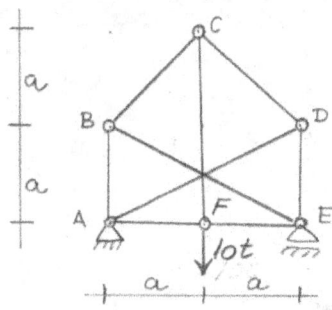

Problema 352.

Determinar el máximo valor de P para que ninguna barra esté sometida a un esfuerzo mayor a 5000 kg.

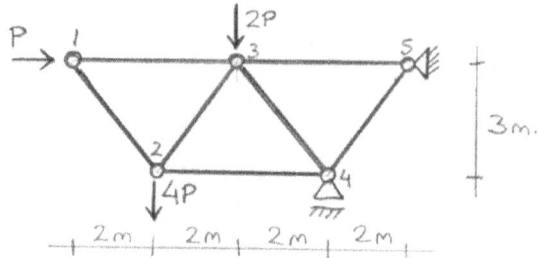

Problema 353.

Determinar los esfuerzos en las barras GI, FH, GH, HN, GF y GE.

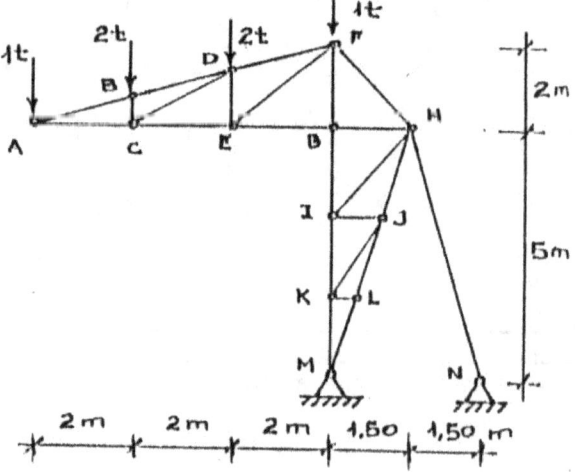

Problema 354.

Calcular los esfuerzos en las barras.

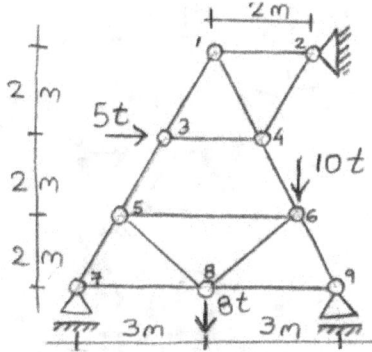

Problema 355.

Calcular los esfuerzos en las barras.

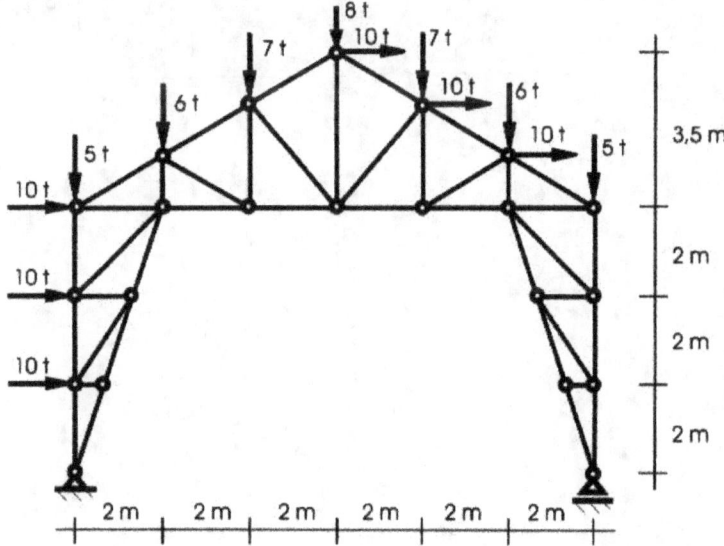

Problema 356.

Calcular los esfuerzos en las barras.

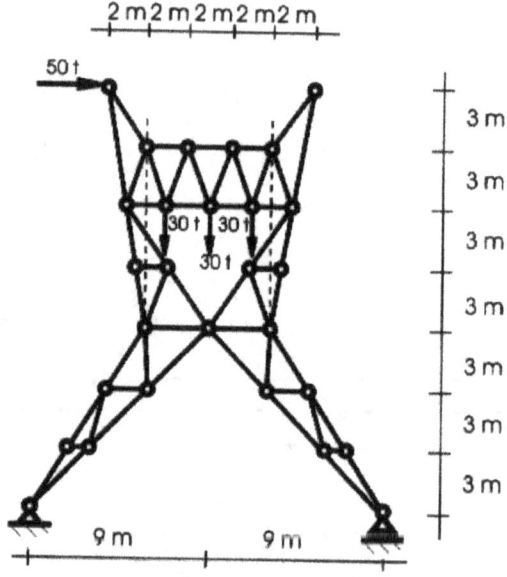

Problema 357.

Determinar los esfuerzos internos en la siguiente estructura.

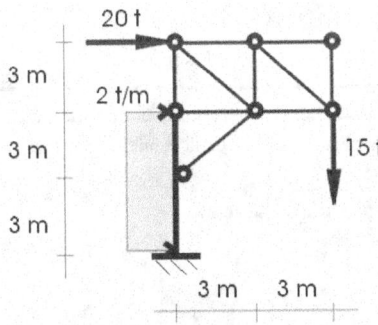

Problema 358.

Determinar los esfuerzos internos en la siguiente estructura.

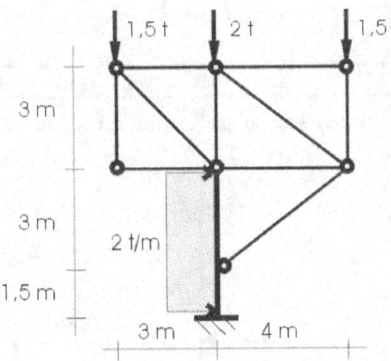

Problema 359.

Determinar los esfuerzos internos en la siguiente estructura.

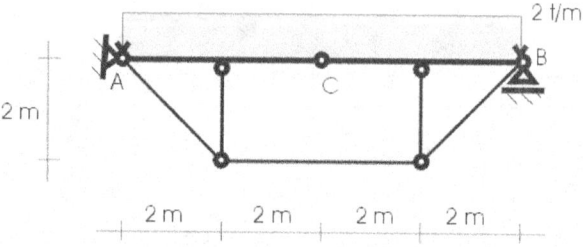

Problema 360.

Determinar los esfuerzos internos en la siguiente estructura.

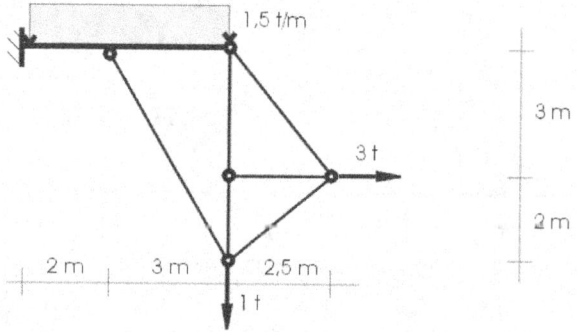

Problema 361.

Determinar los esfuerzos internos en la siguiente estructura.

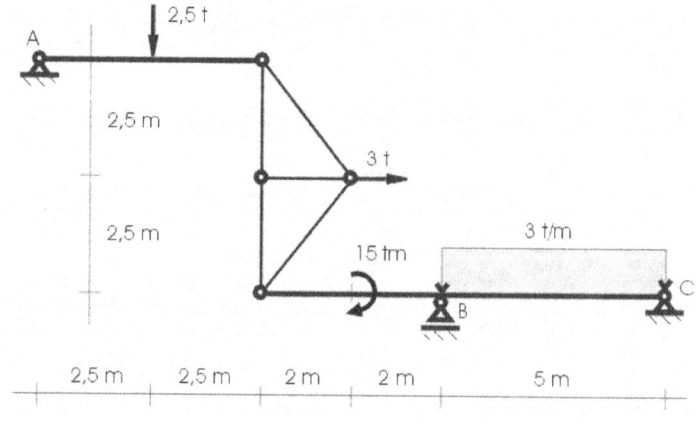

Momentos de Segundo Orden

Problema 362.

Determinar los momentos de inercia (J_{xg}, J_{yg}, J_{pg}), el momento centrífugo (J_{xyg}), los radios de giro (i_{xg}, i_{yg}) y los módulos resistentes (W_{xg}, W_{yg}).

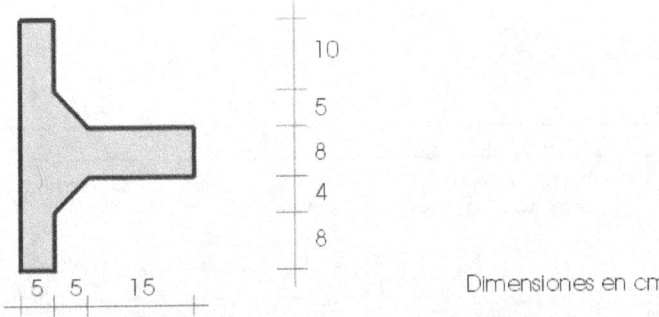

Dimensiones en cm

Problema 363.

Determinar los momentos de inercia (J_{xg}, J_{yg}, J_{pg}), el momento centrífugo (J_{xyg}), los radios de giro (i_{xg}, i_{yg}) y los módulos resistentes (W_{xg}, W_{yg}).

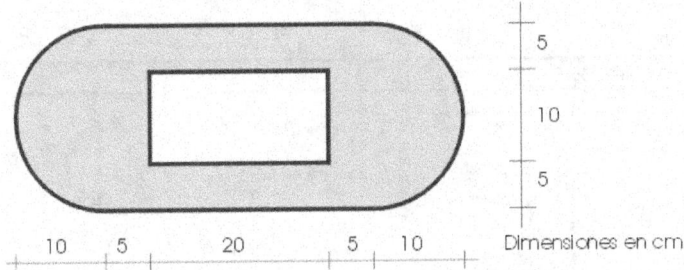

Dimensiones en cm

Problema 364.

Determinar los momentos de inercia (J_{xg}, J_{yg}, J_{pg}), el momento centrífugo (J_{xyg}), los radios de giro (i_{xg}, i_{yg}) y los módulos resistentes (W_{xg}, W_{yg}).

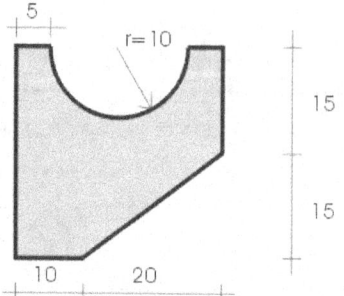

Dimensiones en cm

Problema 365.

Determinar los momentos de inercia (J_{xg}, J_{yg}, J_{pg}), el momento centrífugo (J_{xyg}), los radios de giro (i_{xg}, i_{yg}) y los módulos resistentes (W_{xg}, W_{yg}).

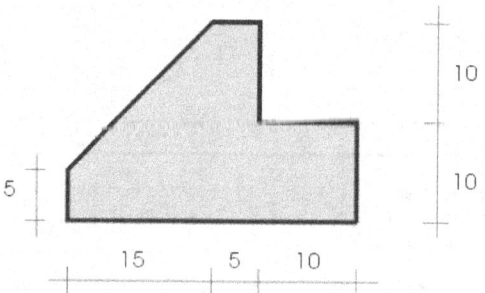

Dimensiones en cm

Problema 366.

Determinar J_x, J_y y J_{xy}.

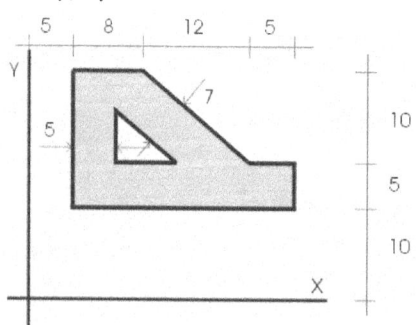

Dimensiones en cm

Problema 367.

Determinar J_x, J_y y J_{xy}.

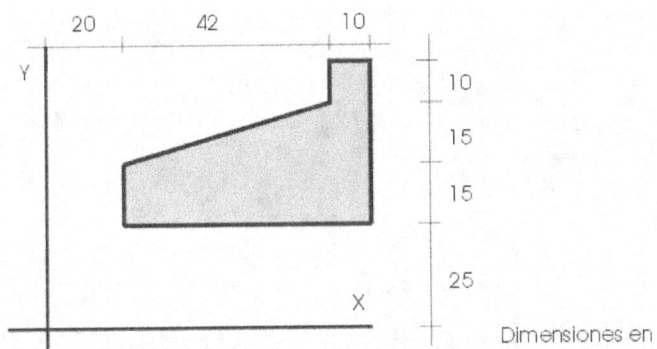

20   42   10

10
15
15
25

Dimensiones en cm

Problema 368.

Determinar las direcciones principales de inercia y J_{max} y J_{min}, analítica y gráficamente.

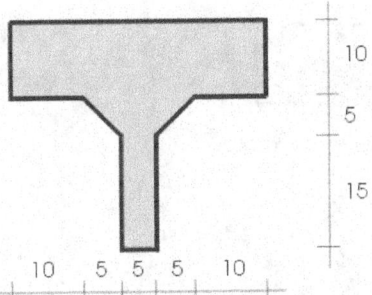

10
5
15

10   5   5   5   10

Dimensiones en cm

Problema 369.

Determinar las direcciones principales de inercia y J_{max} y J_{min}, analítica y gráficamente.

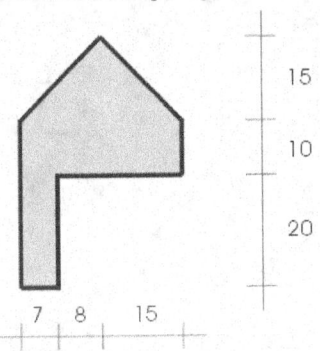

15
10
20

7   8   15

Dimensiones en cm

Problema 370.

Determinar las direcciones principales de inercia y J_{max} y J_{min}, analítica y gráficamente.

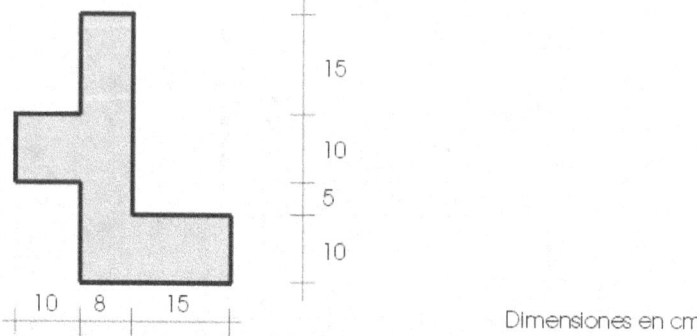

Dimensiones en cm

Problema 371.

Determinar las direcciones principales de inercia y J_{max} y J_{min}, analítica y gráficamente.

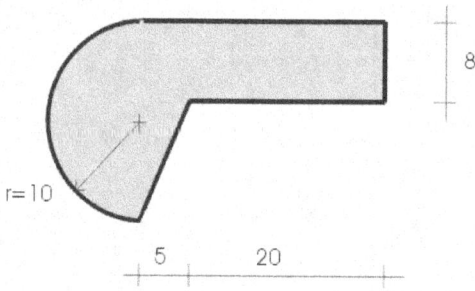

Dimensiones en cm

Problema 372.

Determinar las direcciones principales de inercia y J_{max} y J_{min}, analítica y gráficamente.

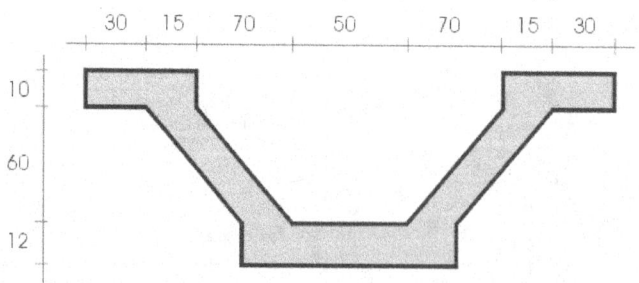

Dimensiones en cm

Problema 373.

Determinar J_{max} y W_{max} para la siguiente viga armada.

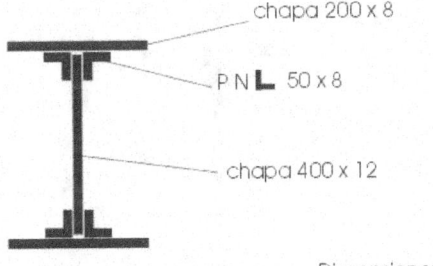

chapa 200 x 8

PN L 50 x 8

chapa 400 x 12

Dimensiones en mm

Problema 374.

Determinar J_{max} y W_{max} para la siguiente viga armada.

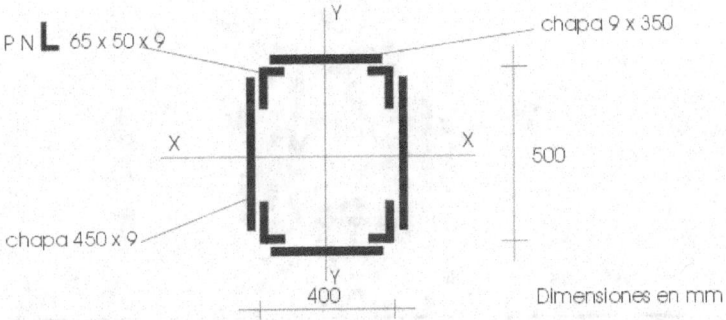

PN L 65 x 50 x 9

chapa 9 x 350

chapa 450 x 9

500

400

Dimensiones en mm

Problema 375.

Determinar J_x, J_y, W_x y W_y para la siguiente columna armada.

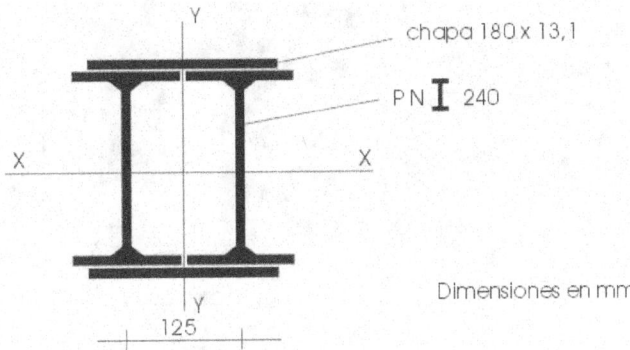

chapa 180 x 13,1

PN I 240

125

Dimensiones en mm

Problema 376.

Proyectar la siguiente viga armada de forma que tenga el W_{max} indicado.

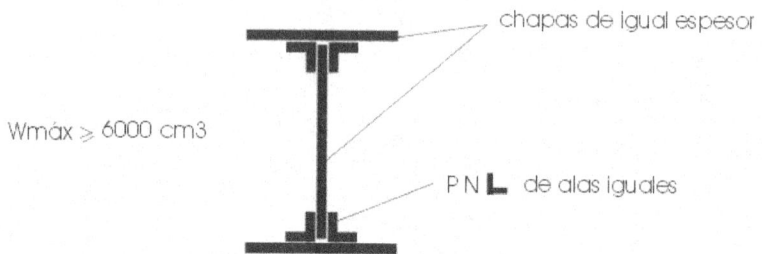

Wmáx $\geqslant$ 6000 cm3

chapas de igual espesor

P N **L** de alas iguales

Problema 377.

Proyectar la siguiente columna armada de forma que tenga el W_{max} indicado, tanto en X como en Y.

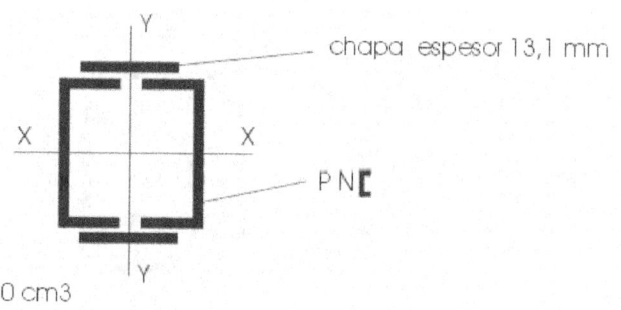

chapa espesor 13,1 mm

P N **[**

Wmáx $\geqslant$ 4050 cm3

Problema 378.

Seleccionar la sección más económica que cumpla las condiciones dadas.

Wmáx $\geqslant$ 750 cm3

F $\geqslant$ 80 cm2

entre los siguientes perfiles: P N **[**

P N **I**

y las secciones rectangular y circular.

Problema 379.

Determinar los radios de giro (baricéntricos) según X e Y.

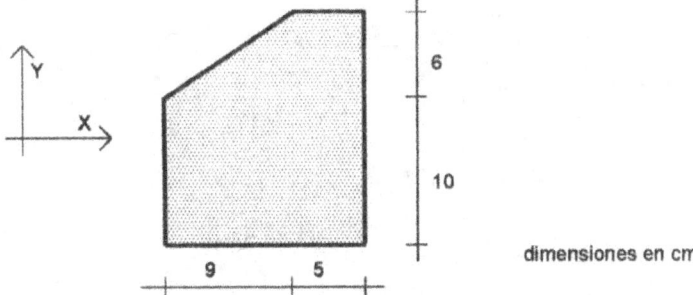

dimensiones en cm

Problema 380.

Determinar los radios de giro (baricéntricos) según X e Y.

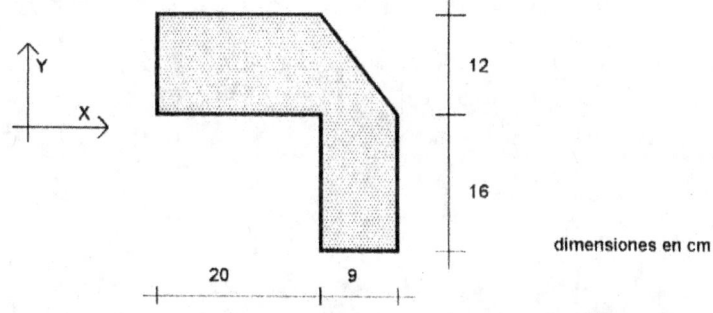

dimensiones en cm

Problema 381.

Calcular los momentos de inercia principales (baricéntricos) de la siguiente figura.

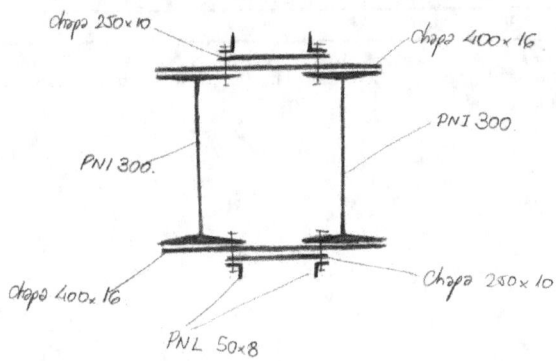

Problema 382.

Determinar J_{max} y J_{min} y las direcciones principales de inercia.

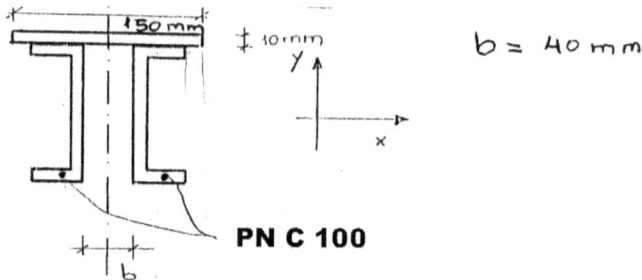

Problema 383.

Determinar J_x y J_y baricéntricos.

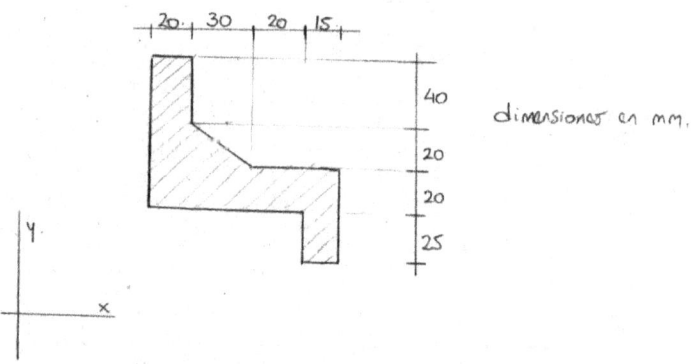

Problema 384.

Determinar J_{max} baricéntrico. Calcular la sección rectangular equivalente (igual J_{max}) de ancho b = 0,60 m.

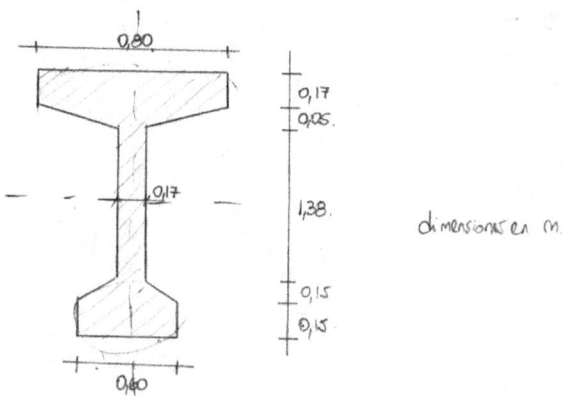

Problema 385.

Determinar J_{max} y J_{min} para la siguiente columna armada.

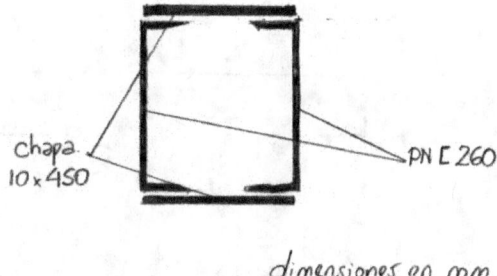

Problema 386.

Determinar J_{max} y J_{min} y su orientación para la siguiente figura.

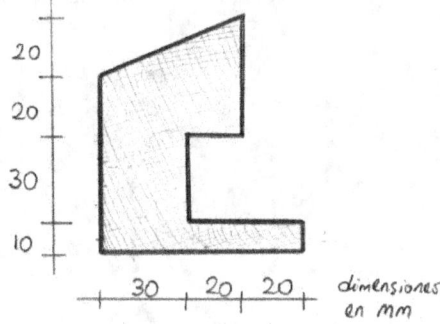

Problema 387.

Determinar J_{max} y J_{min} y su orientación para la siguiente figura.

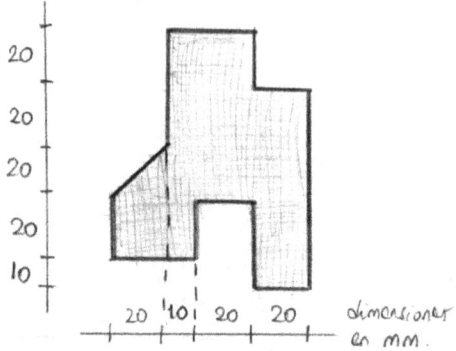

Problema 388.

Determinar J_{max} y J_{min} y su orientación para la siguiente figura.

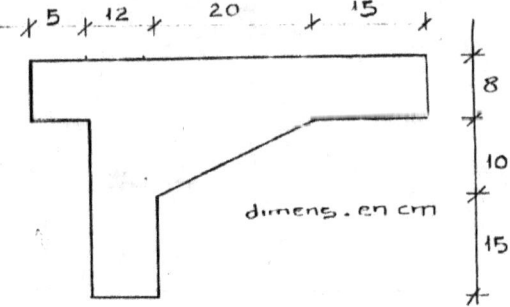

Problema 389.

Determinar J_{max} y J_{min} y su orientación para la siguiente figura.

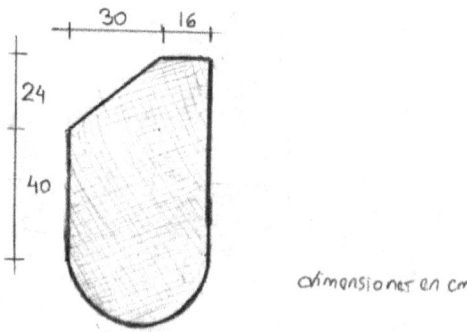

Problema 390.

Determinar J_{max} y J_{min} y su orientación para la siguiente figura.

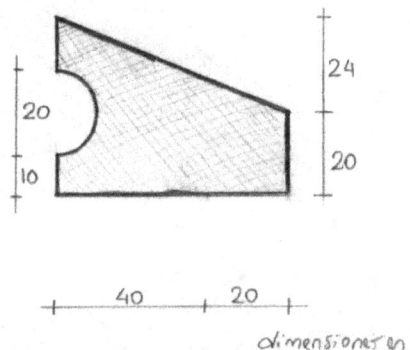

Problema 391.

Determinar J_{max} y J_{min} y su orientación para la siguiente figura.

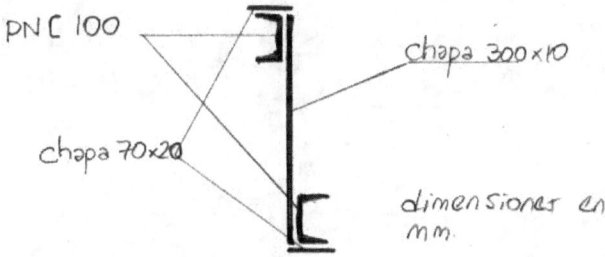

Problema 392.

Determinar J_{n-n} para la sección de la figura.

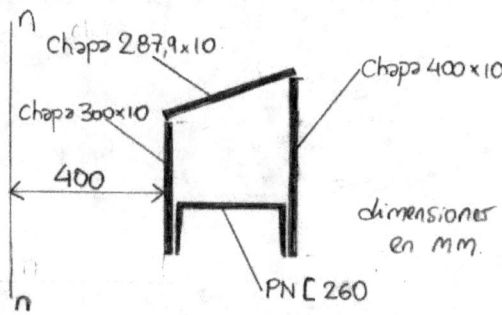

Problema 393.

Determinar J_{max} y J_{min} y su orientación para la siguiente figura.

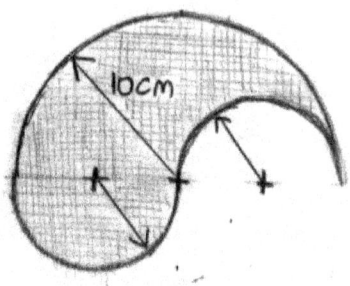

Problema 394.

Determinar J_{max} y J_{min} y su orientación para la siguiente figura.

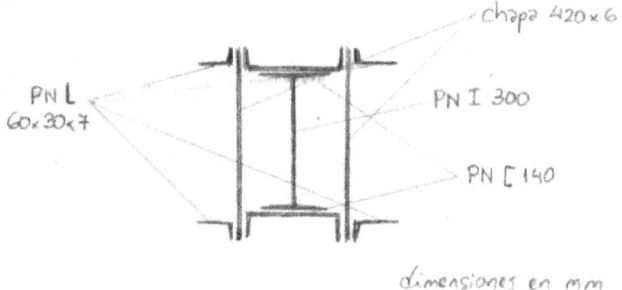

Problema 395.

Determinar J_{max} y J_{min} y su orientación para la siguiente figura.

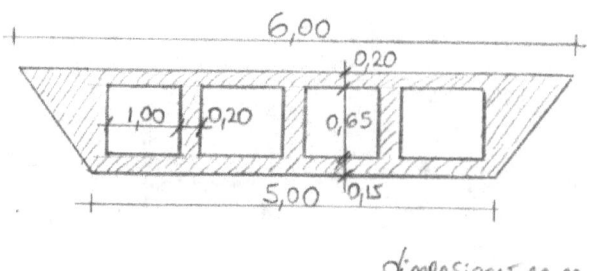

Problema 396.

Determinar J_{max} y J_{min} y su orientación para la siguiente figura.

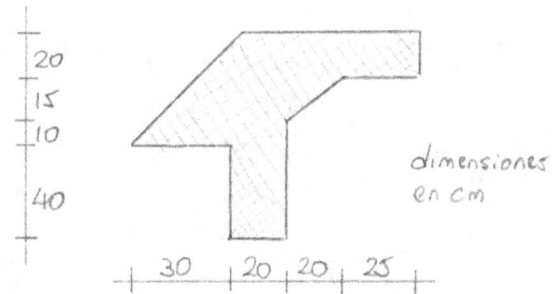

Problema 397.

Determinar J_{max} y J_{min} y su orientación para la siguiente figura.

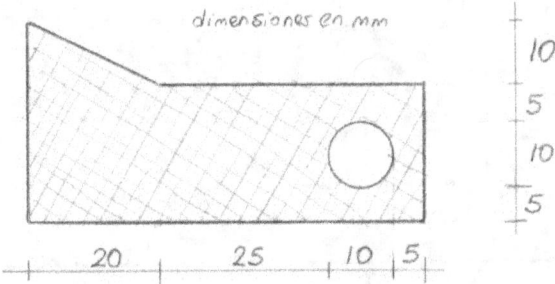

Problema 398.

Determinar J_{max} y J_{min} y su orientación para la siguiente figura.

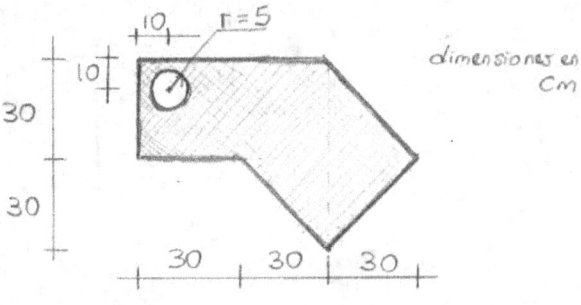

Problema 399.

Determinar J_{max} y J_{min} y su orientación para la siguiente figura.

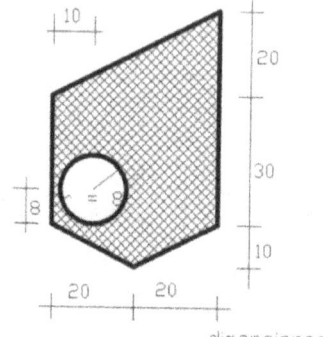

dimensiones en cm

Problema 400.

Determinar J_{max} y J_{min} y su orientación para la siguiente figura.

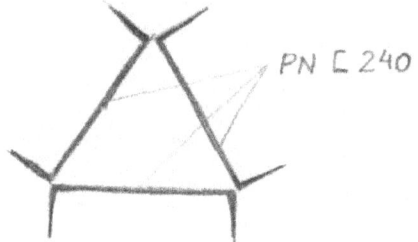

PN $\sqsubset$ 240

Problema 401.

Determinar J_{max} y J_{min} y su orientación para la siguiente figura.

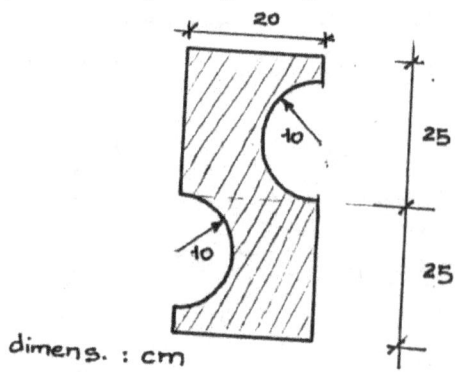

dimens. : cm

Problema 402.

Determinar J_{max} y J_{min} y su orientación para la siguiente figura.

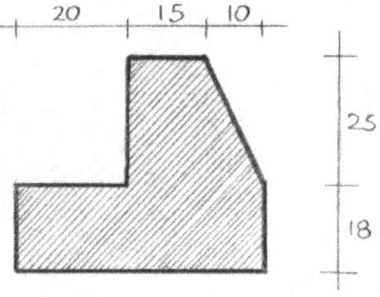

dimensiones en cm

Problema 403.

Determinar Jmax y Jmin y su orientación para la siguiente figura.

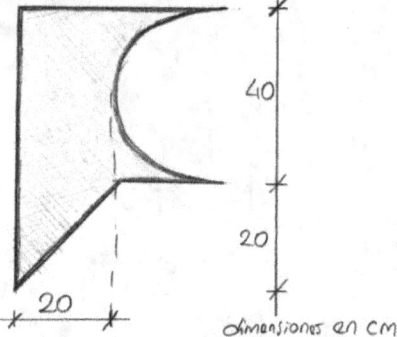

dimensiones en cm.

Problema 404.

Determinar J_{max} y J_{min} y su orientación para la siguiente figura.

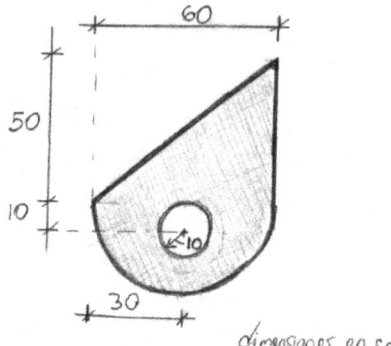

dimensiones en cm.

Problema 405.

Determinar J_{max} y J_{min} y su orientación para la siguiente figura.

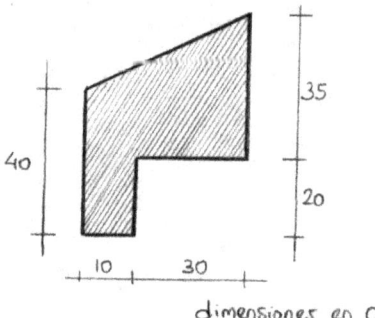

dimensiones en cm

Bibliografía

- **Beer, F. – Johnston, E. (1984)** – *Mecánica Vectorial para Ingenieros – Estática* – Mc Graw Hill, México.

- **Faletty, H. et al (1985)** – *Apuntes de clase – Estabilidad I* – F.R.B.A. – U.T.N., Buenos Aires.

- **Ferreras, O. – Moisset de Espanés, D. (1997)** – *Estructuras en Arco* – F.A.U.D. – U.N.C., Córdoba.

- **Fliess, E. (1965)** – *Estabilidad – Primer Curso* – Kapelusz, Buenos Aires.

- **Meoli, H. (1955)** – *Lecciones de Estática Gráfica* – Nigar, Buenos Aires.

- **Mesherski, I. (1974)** – *Problemas de Mecánica Teórica* – Mir, Moscú.

- **Pirard, G. et al (1997)** – *Guía de Trabajos Prácticos – Estática de las Estructuras* – F.C.E.F. y N. - U.N.C., Córdoba.

- **Timoshenko, S. – Young, D. (1957)** – *Mecánica Técnica* – Hachette, Buenos Aires.

- **Timoshenko, S. – Young, D. (1979)** – *Elementos de Resistencia de Materiales* – Montaner y Simón, Barcelona.

Otros Títulos de esta Editorial

MATEMATICA

Algebra y Geometría. Molina-Gigena-Joaquin-Gomez- Vignoli.
Análisis Matemático I. Azpilicueta-Gigena-Joaquin-Molina-Cabrera.
Matemática I para Ciencias Naturales. Vera de Payer - Molina - Gigena - Ludueña Almeida.
Algebra Lineal. Elizabeth Vera de Payer.
Introducción a la Matemática. Azpilicueta-Gigena-Molina-Gómez. (En preparación)
Análisis Matemático II. Gigena - Binia - Joaquín - Cabrera - Abud 2° Ed. (En preparación)

FISICA Y QUIMICA

Notas de Química General. P. Carranza - S. Faillaci.
Física I. G. V. Morelli. (En preparación)
Física II. Electromagnetismo. G. V. Morelli.
Física III. G. V. Morelli. (En preparación)
Calor y Termodinámica. G. V. Morelli. (En preparación)
Mecánica. G. V. Morelli. (En preparación)
Termodinamica Técnica. F. Arenas (En preparación)

DISEÑO

Representación Gráfica I. O. Maligno y otros.

INGENIERIA E INFORMATICA

Algoritmos y Estructuras de Datos. Valerio Fritelli.
Aprenda Lenguaje ANSI C. J. García.
Aprenda C++. J. García.
Lenguaje C++. K. Barclay.
Aprenda Java. J. García.
Aprenda Visual Basic. J. García.
Sistemas Operativos. Norberto Cura.
Comunicaciones. J. Galoppo - C. Montaña Mansur.
Redes de Información. C. Sánchez-J. Galoppo. 3° Edición.
Introducción a Sistemas de Control. Víctor H. Sauchelli. 4° Edición.
Sistemas Celulares de Comunicaciones Móviles. J. Galoppo.
Métodos Numéricos. Rosendo Gil Montero.
Res. de Prob. con Matlab. Métodos Numéricos. R. Gil Montero.
Res. Prob. con Matlab. Sistemas de Control. V. Garrone.
Guía de Introducción a Matlab. J. García - J. Rodriguez.
Resolución de Problemas con C++. Rosendo Gil Montero.
Comunicaciones de Datos y Redes de Información. Norberto Cura (2 Tomos).
ADSL - Asymetric Digital Subscriber Line. Norberto Cura.
Economía para Ingenieros. E. Masciarelli. (En preparación).
Problemas Resueltos de Economía. E. Masciarelli.
Gestión de la Calidad. Carlos Boero. 2° Edición.
Organización Industrial. C. Boero.

INGENIERIA INDUSTRIAL

Gestión de Abastecimiento. Carlos Boero.
Costos Industriales. C. Boero.
Evaluación de Proyectos. C. Boero.
Mantenimiento Industrial. C. Boero.
Introducción a la Logística. C. Boero.
Gestión de Mantenimiento. L. Torres.
Mercadotecnia. M. Gómez - G. Gimenez.

Costos Industriales. F. Antón - O. Giovannini.
Recursos Humanos. M. Gomez - G. Gimenez.
Planificación y Control de la Producción. F. Antón - O. Giovannini.

ELECTRONICA Y COMUNICACIONES

Teoría de las Comunicaciones. Pedro Danizio.
Dispositivos Electrónicos. Carlos Chaer.
Fuentes Conmutadas. Juan Carlos Floriani.
Sistemas de Control No Lineales. V. Sauchelli.
Sistemas de Control Digitales. V. Sauchelli.
Teoría de la Información y Codificación. V. Sauchelli.
Teoría de Señales y Sistemas Lineales. V. Sauchelli.
Teoría Moderna de Filtros con Matlab. Walter Monsberger.
Mediciones Electrónicas. Hugo Grazzini.
Teoría de Señales. E. Vera de Payer.
Análisis Conjunto Tiempo-Frecuencia. E. Vera de Payer.
Elementos de Prog. en C++ para Electrónicos. E. Destéfanis.

AERONAUTICA

El Avión. Calidad del equilibrio, control y estabilidad dinámica. José A. Sirena.
Dinámica de los Gases. J. Tamagno (En preparación).

MECANICA - ELECTRICIDAD

Sistemas de Puesta a Tierra. Juan Carlos Arcioni.
Mediciones en Alta Tensión. Alberto Torresi.
Sobretensiones. Alberto Torresi.

INGENIERIA CIVIL

Introducción a la Teoría de la Elasticidad. Godoy-Pratto-Flores.
Estructuras Metálicas. Gabriel Troglia.
Proyectos, Dirección de Obras y Valuaciones. A. Armesto.
Ejercicios de Sistemas Planos de Alma Llena. Juan Weber
Lluvias de Diseño. G. Caamaño Nelli - C. Dasso.
Proyecto y Arq. de las Instalaciones Eléctricas. R. Levy.
Gestión, regulación y Control de Servicios Públicos. FCEFyN-UNC.
Congreso Internacional de Servicios Públicos. FCEFyN-UNC.

BIOINGENIERIA

Seguridad y Normalización en Instalaciones Eléctricas Hospitalarias. R. Taborda.
Diagnóstico por Imágenes. M. Malamud.

Distribución en Buenos Aires:
Editorial Nueva Librería. Estados Unidos 301. (1101) San Telmo.
Te: 4362 9266 / 4362 6887 Email: nuevalibreria@infovia.com.ar

La presente edición de *Estabilidad* - se terminó de imprimir en Universitas en el mes de abril de 2020.

Impreso en Argentina